역사를 바꾼 17가지 화학 이야기 2

NAPOLEON'S BUTTONS

by Penny Le Couteur and Jay Burreson

Napoleon's Buttons

역사를 바꾼 17 가지

화학

아스피린에서 카페인까지, 세계사 속에 숨겨진 화학의 비밀

이야기 2

페니 르 쿠터, 제이 버레슨 | 곽주영 옮김

사이언스
SCIENCE 북스
BOOKS

가족들에게 이 책을 바칩니다.

2권 차례

1권 차례

● 일러두기 이 책에 등장하는 원소와 화합물의 우리말 이름은 1998년에 대한화학회에서 제정한 화합물 명명법을 따라 표기했습니다.

20세기의 마법 탄환, 아스피린과 항생제

자신의 모브 합성이 거대 염료 산업의 기반이 되었다는 사실은 윌리엄 퍼킨에게는 당연한 일이었을 것이다. 어쨌든 모브의 합성이 돈이 된다는 사실을 확신했던 그는 아버지를 설득해 자신의 꿈을 실현할 자금을 마련했고 결국 눈부신 성공을 거두었다. 하지만 제아무리 퍼킨이라 해도 염색 산업에서 성장한 주요 산업 가운데 하나인 제약 산업이 자신이 합성한 모브 때문에 탄생할 줄은 꿈에도 몰랐을 것이다. 합성 유기 화학의 한 면, 즉 의약품(아스피린과 항생제)은 그 생산량에 있어 염료를 능가하고, 병원 처방을 변화시키고, 수많은 생명을 구하게 되었다.

1856년, 퍼킨이 모브를 만든 그 해, 영국인의 평균 기대 수명은 약 45세였다. 이 수치는 19세기 내내 그다지 변하지 않았다. 1900년, 미국인의 평균 기대 수명은 남자의 경우 46세, 여자의 경우 48세였다. 하지만 1세기가 지난 뒤, 이 수치는 크게 뛰어올라 남자의 경우 72세, 여자의 경우 79세가 되었다.

수세기 동안 일정하던 기대 수명이 극적으로 늘어났다는 것은 뭔가 놀라운 일이 있었음을 의미한다. 20세기에 평균 기대 수명이 늘어난 주요 요인 가운데 하나는 약화학 물질, 특히 기적의 물질로 알려진 항생제의 도입 때문이다. 문자 그대로 수천 가지의 의약품들이 19세기부터 합성되었으며, 이들 가운데 수백 가지가 수많은 사람들의 삶을 바꿔놓았다. 이 장에서 우리는 2가지 유형의 의약품, 즉 아스피린(진통제)과 항생제(2종류)의 개발 과정 및 그에 얽힌 화학 이야기를 살펴볼 것이다. 아스피린의 상업적 성공으로 화학 회사들은 의약품에 회사의 미래가 달려 있다고 확신하게 되었다. 그 예로, 최초의 항생제인 설파제와 페니실린은 지금도 여전히 처방되고 있다.

수천년 동안 약초는 상처를 치료하고 병을 낫게 하고 고통을 더는데 쓰여 왔다. 인류 사회는 그 사회 고유의 전통적인 치료법들을 개발해 왔고, 이들 치료법 상당수는 그 자체로서 매우 유용한 치료제들을 만들어 내기도 했고 화학적으로 수정되어 현대 의약품들을 만들어 내기도 했다. 퀴닌(quinine)은 남아메리카의 킨코나 속 나무에서 얻어지는 것으로 원래 페루 원주민들이 해열제로 사용하던 것인데 지금까지도 항말라리아제로 사용되고 있다. 디기탈리스(digitalis)를 함유하고 있는 폭스글로브(foxglove)는 오래전부터 서유럽에서 심장병 치료제로 사용되던 것인데 오늘날에도 역시 강심제로 처방되고 있다. 양귀비 삭(朔)에서 얻은 액즙의 진통 효능은 유럽과 아시아에 잘 알려져 있었는데 이 액즙에서 추출한 모르핀(morphine)은 여전히 진통제로서

중요한 역할을 담당하고 있다.

　하지만 인류 역사에서 세균 감염에 효능 있는 치료제는 거의 전무했다. 최근까지만 해도 베이거나 찔린 상처는 아무리 작다 해도 일단 감염되면 목숨을 잃을 확률이 높았다. 미국 남북 전쟁에서 부상당한 병사의 절반은 세균 감염으로 사망했다. 조지프 리스터가 도입한 무균 소독 절차와 페놀 같은 소독약 덕분에 제1차 세계 대전 중 감염으로 인한 사망률은 많이 낮아졌다. 하지만 소독약은 수술 중의 감염 예방에는 효과가 있었지만 일단 발병한 감염을 막지는 못했다. 1918~1919년, 전 세계적으로 유행한 독감으로 2000만 명 이상의 사람들이 목숨을 잃었다. 이 수치는 제1차 세계 대전 중의 사망자 수보다 훨씬 더 큰 수치이다. 독감 자체는 바이러스성이다. 즉 사망의 직접적인 원인은 독감이 아니라 독감으로 인한 2차 감염(세균성 폐렴)이었다. 파상풍, 결핵, 콜레라, 장티푸스, 나병, 임질 같은 질병에 걸리는 것은 사형 선고나 다름없었다. 1798년, 영국인 의사 에드워드 제너는 인위적으로 천연두 바이러스에 대한 사람의 면역력을 키우는 방법을 개발하는 데 성공했다(이런 식으로 면역성을 얻는다는 개념은 다른 나라에서도 오래전부터 알고 있었지만). 1890년대, 세균에 대한 면역성을 키우는 방법들이 연구되기 시작해 점진적으로 수많은 세균성 질병에 대한 예방 접종이 가능하게 되었다. 1940년대, 예방 접종 프로그램이 활성화된 나라에서는 어린이들이 제일 많이 걸리는 성홍열과 디프테리아가 사라졌다.

20세기 두통의 수호 성인 아스피린

20세기 초, 독일과 스위스의 화학 산업은 염료 산업의 성공으로 번창하고 있었다. 그런데 이 성공에는 재정적인 성공 이상의 의미가 들어 있었다. 즉 새로운 화학 지식, 대규모 화학 반응에 대한 경험, 분리와 정제 기술 등을 습득했다는 것이다. 이러한 지식과 경험과 기술은 제약업이라는 새로운 화학 사업 분야로 진출하는 데 있어 꼭 필요한 것이었다. 아닐린 제조로 시작한 독일 회사 바이엘은 화학을 기반으로 한 의약품(특히 아스피린)의 생산이 가져다줄 상업적 가능성을 최초로 인식한 회사 가운데 하나였다. 바이엘의 아스피린은 오늘날 세계에서 어떤 약보다도 많은 사람들이 애용하는 약이 되었다.

1893년 바이엘에서 근무하던 화학자 펠릭스 호프만은 살리실산(salicylic acid)과 관련된 화합물의 특성을 연구하기로 결심했다. 살리실산은 살리신(salicin)에서 얻은 물질이고, 살리신은 1827년 버드나무(*Salix*)속 나무의 껍질에서 분리해 낸 진통제이다. 버드나무와 포플러의 효능은 오래전부터 알려져 있어서(버드나무와 포플러는 같은 버드나뭇과이다.) 고대 그리스의 유명한 의사 히포크라테스는 버드나무 껍질 추출물을 이용해 열을 내리고 진통을 감소시켰다. 살리신의 분자 구조를 보면 포도당 고리가 하나 포함되어 있기는 하지만, 나머지 부분들이 포도당 고리의 단맛을 압도하기 때문에 쓴맛이 난다.

CH₂-OH 포도당 —O

살리신

인디컨(indican)에서 포도당이 분리되어 인독솔(indoxol)이 생성되고 인독솔이 산화되어 인디고가 생성되는 것처럼 살리신도 두 부분, 포도당과 살리실 알코올(salicyl alcohol)로 나누어지고 살리실 알코올은 산화되어 살리실산이 된다. 살리실 알코올과 살리실산은 OH기가 벤젠 고리에 직접 결합되어 있기 때문에 페놀류로 분류된다.

살리실 알코올 $\xrightarrow{\text{산화}}$ 살리실산

살리실 알코올과 살리실산은 정향의 아이소유게놀(isoeugenol), 육두구의 유게놀(eugenol), 생강의 진제론(zingerone)과 분자 구조가 유사하다. 아이소유게놀, 유게놀, 진제론처럼 살리신도 천연 살충제 기능을 해서 버드나무를 보호하는 것으로 생각된다. 살리실산은 메도스위트(meadowsweet, *Spiraea ulmaria*)의 꽃에서도 얻을 수 있다. 메도스위트는 원산지가 유럽 및 서아시아로 습지에서 자라는 다년생 식물이다.

살리신의 활성 성분인 살리실산은 해열제, 진통제, 소염제 등으로

사용된다. 살리실산은 살리신보다 효능이 뛰어나지만 섭취했을 때 속쓰림이 동반되기 때문에 의약적 가치가 낮았다. 그런 살리실산 관련 화합물(살리실산 유도체)에 호프만이 관심을 가지게 된 것은 아버지를 위해서였다(아버지의 류머티즘이 살리신으로는 전혀 차도가 없었기 때문이다.). 호프만은 살리실산 유도체인 아세틸살리실산(acetyl salicylic acid, ASA)이 살리실산과 소염 효과는 동일하면서 위장은 덜 쓰리게 할 거라 생각하면서 아버지께 아세틸살리실산을 건넸다(ASA로도 불리는 아세틸살리실산은 40년 전 독일의 한 화학자가 처음으로 제조했다.). ASA는 살리실산에 붙어 있는 OH기의 H가 아세틸기(CH$_3$CO)로 대체된 분자이다. 페놀류는 부식성이 있다. 즉, 살리실산은 부식성이 있다. 호프만은 살리실산의 방향 고리에 붙어 있는 OH기를 아세틸기로 바꾸면 위장을 쓰리게 하는 특성(페놀의 부식성)이 나타나지 못할 거라고 추론했던 것 같다.

살리실산

아세틸살리신산. 화살표는 페놀기의 H를 치환한 아세틸기(CH$_3$CO)를 가리키고 있다.

호프만의 실험은 아버지와 회사(바이엘) 모두에게 이득이었다. 아세틸살리실산은 소염 효과도 있으면서 속쓰림도 완화시켰다. 아세틸살리실산의 강력한 소염 효과와 진통 효과를 확신한 바이엘은 1899년, 아세틸살리실산을 '아스피린(aspirin)'이라는 이름으로 분말 형태의 소포장 단위로 판매하기 시작했다. 아스피린의 a는 아세틸(acetyl)에서 따 온 것이고 spir는 메도스위트(살리실산의 원재료)의 학명인 스피라이아 울마리아(*Spiraea ulmaria*)에서 따온 것이다(두통의 수호 성인이며 나폴리의 주교였던 성 아스피리누스의 이름을 땄다는 설도 있다.—옮긴이). 바이엘의 이름은 아스피린과 동의어가 되었고 바이엘은 약화학의 세계로 입성했다.

아스피린의 인기가 올라가자 살리실산의 원재료인 메도스위트와 버드나무의 공급량이 달리게 되었고 결국 페놀을 시작 물질로 사용하는 새로운 합성법이 개발되었다. 아스피린은 판매가 급증했다. 제1차 세계 대전 중 미국에 있던 바이엘의 자회사는 아스피린 원재료의 원활한 공급을 위해서 미국 내외를 막론하고 닥치는 대로 페놀을 사들였다. 바이엘에 페놀을 공급한 나라들은 그만큼 피크르산(picric acid, 트라이나이트로페놀)을 만들 수 있는 페놀의 양이 줄어들었다. 피크르산은 페놀을 시작 물질로 해서 만들어진 폭발물이다(1권의 다섯 번째 이야기 참조). 아스피린의 생산이 제1차 세계 대전의 진행에 어떤 영향을 미쳤을지는 추측밖에 할 수 없지만 어쩌면 아스피린의 생산은 피크르산 기반의 폭약 생산을 감소시키고 TNT 기반의 폭약 개발에 박차를 가하도록 했을지도 모른다.

| 페놀 | 살리실산 | 트라이나이트로페놀 (피크르산) |

오늘날 아스피린은 질병과 상처 치료에 가장 널리 사용되는 약이다. 아스피린을 함유하고 있는 약물은 400종 이상이 되며, 매년 미국에서 1만 8000톤 이상의 아스피린이 생산되고 있다. 아스피린은 진통을 덜어 주고 열을 내리게 할 뿐만 아니라 피를 묽게 하는 특성을 갖고 있다. 의사들은 뇌졸중과 심부정맥 혈전증(장거리 비행을 하는 승객들이 걸리는 이코노미 클래스 증후군)의 예방법으로 소량의 아스피린을 권하고 있다

세균의 천적, 마법 탄환 606호

호프만이 아버지를 상대로 실험(권장할 만한 실험은 아니었지만)을 하고 있던 때에 독일인 의사 파울 에를리히도 독자적인 실험을 진행하고 있었다. 에를리히는 모든 면에서 괴짜의 기질을 지닌 사람이었다. 그는 하루에 25개비의 시가를 피웠다고 하며 많은 시간 맥줏집에서 철학적인 문제를 토론하면서 보냈다고 한다. 하지만 에를리히는 괴짜 기질뿐만 아니라 결단력과 통찰력이 있었다. 1908년, 에를리히는 노벨 의학상을 수상하게 된다. 에를리히는 실험 화학이나 응용 세균학을 정식으로 배운 적이 없었는데도, 특정 콜타르 염료에 따라 특정 조직이나 미생물이 염색된다는 사실을 알아냈다. 에를리히는 유독성 염료가 특정 미생물에게만 흡수된다면 유독성 염료를 흡수한 조직은 죽고, 흡수하지 않은 조직은 아무런 피해를 입지 않을 거라고 추론했다. 즉 숙주에 피해를 주지 않으면서 감염균만 제거할 수 있을 거라고 생각했다. 에를리히는 이 이론을 '마법 탄환'으로 이름 지었다. 염료

가 목표 조직을 염색하는 것을 조준에 비유한 말이었다.

에를리히가 성공한 최초의 염료는 트리판 레드 원(trypan red I)이었다. 트리판 레드 원은 실험쥐에 기생하는 트리파노좀(trypanosome, 원생동물문에 속하는 기생충)을 훌륭하게 박멸했다. 하지만 유감스럽게도 정작 에를리히가 치료하고 싶었던, 아프리카 수면병을 일으키는 유형의 트리파노좀에는 효과가 없었다.

여기에 굴하지 않고 에를리히는 연구를 계속했다. 에를리히는 이미 마법 탄환이 작동한다는 것을 증명했고 남은 과제는 특정 질병에 적합한 마법 탄환을 찾는 일이었다. 에를리히는 매독을 연구하기 시작했다. 매독은 스피로헤타(spirochaeta)라는 나선형 세균으로 감염되는 병이다. 매독이 유럽으로 전파된 경위에 대한 설은 분분하다. 가장 널리 인정되는 설 가운데 하나는 신대륙에 있던 매독이 콜럼버스의 선원들을 통해 유럽에 들어 왔다는 것이다. 하지만 콜럼버스 시대 이전에 유럽에서 발병한 '나병'도 전염성이 매우 높고 성교를 통해 퍼졌다고 하는데 이런 관찰 사실들은 우리가 알고 있는 나병과는 일치하지 않으며 묘사된 바로는 사실상 매독일 가능성이 높다.

에를리히가 스피로헤타를 박멸하는 마법 탄환 찾기에 착수했을 당시, 이미 400년 이전부터 매독 치료에 수은이 효과 있다는 주장이 제기되었다. 하지만 수은은 종종 환자의 목숨을 앗아갔기 때문에 매독을 치료하는 마법 탄환으로 볼 수 없었다. 수은으로 치료받던 환자들은 가마에서 몸을 데우는 과정에서 수은 증기를 들이마시고 심장 마비, 탈수증, 질식 등으로 숨졌다. 설사 수은 치료 과정에서 살아남은 환자가 있다 하더라도 수은 중독의 전형적인 증상으로 목숨을 잃었다

(머리털과 이가 빠지고 끊임없이 침을 흘리며 빈혈과 우울증이 동반되고 신장과 간장이 손상되었다.).

1909년, 605가지의 화학 물질을 시험한 끝에 에를리히는 마침내 적당한 효능과 안전성을 지닌 화합물 '606호'를 발견했다. 606호는 비소(As)를 함유한 방향족 화합물로 매독의 원인균인 스피로헤타에 대해 효능이 있었다. 에를리히와 606호를 공동 연구한 회히스트 염색 회사는 1910년 살바르산(salvarsan)이라는 이름으로 606호를 판매했다. 수은 요법의 고통에 비하면 606호는 대단한 진전이었다. 유독성 부작용이라는 결점이 있었고 또한 모든 매독 환자가 살바르산으로 치료된 것은 아니었지만, 일단 살바르산이 사용된 곳이면 어디든지 매독 발병률이 크게 떨어졌다. 회히스트 염색 회사는 살바르산으로 매우 많은 수익을 벌어들였고 이 수익 덕분에 새롭고 다양한 의약품들이 개발될 수 있었다.

살바르산의 성공 이후 화학자들은 더 많은 마법 탄환을 찾아 나섰다. 화학자들은 미생물을 대상으로 수만 가지 화합물들의 효능 테스트를 하고 이 화합물들의 화학 구조를 살짝 바꿔 동일한 테스트를 반복했다. 그러나 마법 탄환은 발견되지 않았고 에를리히가 명명한 '화학 요법(chemotherapy)'의 장래는 어두워 보였다. 그러던 1930년대 초반, 이게 파르벤의 연구진으로 일하던 의사 게하르트 도마크는 딸이 바늘에 찔린 상처를 통해 연쇄상구균(streptococcus)에 감염되어 심하게 앓게 되자, 딸을 치료하기 위해 프론토실 레드(prontosil red)라는 염료를 사용하기로 결심한다. 당시 도마크는 이게 파르벤 연구소에서 프론토실 레드로 실험하고 있었다. 프론토실 레드는 시험관에서 배양한 연쇄상구균에 대해서는 아무런 효능을 보여 주지 못했지만 실험용 쥐의 연쇄상구균에 대해서는 증식을 억제했다. 더 이상 잃을 것이 없다고 생각한 도마크는 딸에게 프론토실 레드를 먹였다. 그녀는 빠르게 회복해 완치되었다.

처음에는 프론토실 레드의 작용(연쇄상구균을 염색시키는 작용)으로 세균이 퇴치되는 것으로 생각했다. 하지만 이내 연구원들은 염료의 작용과 항균 효과와는 아무 관련이 없다는 것을 알았다. 프론토실 레드가 인체에 들어오면 분해되어 설파닐아마이드(sulfanilamide)가 만들어지는데 항균 효과를 갖고 있었던 것은 바로 이 설파닐아마이드였다.

프론토실레드

인체 내부에서 분해

설파닐아마이드

시험관에서는 비활성이었던 프론토실 레드가 살아 있는 동물에서 활성화된 이유가 바로 여기에 있었다. 설파닐아마이드는 연쇄상구균의 감염 외에도 폐렴, 성홍열, 임질 같은 수많은 질병에도 효능이 있었다. 설파닐아마이드가 항균제로 인식되자 화학자들은 앞 다투어 유사 화합물들을 합성하기 시작했다(약효는 증대되고 다른 모든 부작용은 줄어들기를 기도하면서). 프론토실 레드가 활성 성분이 아니라는 사실은 매우 중요한 지식이었다. 분자 구조를 보면 알겠지만, 프론토실 레드는 설파닐아마이드보다 더 복잡해서 합성하고 변경하기가(유도체로 만들기가) 더 힘들다. 1935년과 1946년 사이에 5000종이 넘는 설파닐아마이드 유도체가 합성되었다. 하지만 이들 대부분은 설파닐아마이드보다 뛰어난 효능에도 불구하고 알레르기 반응(발진과 열), 신장 손상 같은 부작용이 수반되었다. 부작용 없고 뛰어난 효능을 지닌 설파닐아마이드 유도체는 설파닐아마이드(SO_2NH_2)의 H를 다른 기로 치환했을 때 얻을 수 있었다.

수소 원자 가운데 하나를 다른 기로 치환하면 부작용 없는 설파닐아마이드 유도체를 얻을 수 있다.

$$H_2N - \!\!\!\!\bigcirc\!\!\!\!- S(=O)(=O) - NH_2$$

이렇게 만들어진 화합물들은 설파제(sulfa drugs)라고 불리는 항생제군을 이루고 있다. 몇 가지 예를 들어보면 다음 그림과 같다. 설파제는 이내 기적의 약 또는 기적의 치료제로 묘사되었다. 지금이야 효과적인 세균 치료제가 많기 때문에 이런 묘사가 심하게 과장된 것으로 보일 수도 있겠으나, 20세기 초반 설파제의 효능은 놀라운 것이었다. 예를 들어 설파제가 도입된 뒤로 폐렴으로 인한 사망자 수는 미국에서만 1년에 2만 5000명이나 감소했다.

　제1차 세계 대전 기간(1914~1918년) 중 상처의 감염으로 인한 사망

설파피리딘(폐렴에 사용)

설파티아졸(위장 감염에 사용)

설파세타마이드(요로(尿路) 감염에 사용)

률은 전쟁터에서 전사할 확률과 비슷했다. 참호와 육군 병원에서 부닥치는 가장 큰 문제점은 가스 괴저로 불리는 병이었다. 가스 괴저는 클로스트리듐(Clostridium) 속의 맹독성 세균에 의해 발병하는 것으로, 이 세균은 치명적인 보툴리누스 중독(식중독)을 일으키는 세균인 클로스트리듐 보툴리눔과 동일한 속이다. 가스 괴저는 대개 포탄이나 폭탄으로 생긴 전형적인 깊은 상처, 즉 구멍이 뚫리거나 조직이 뭉개진 상처에서 발생했다. 가스 괴저를 일으키는 세균은 산소 없이도 빠르게 증식하는데, 이 세균이 증식하기 시작하면 갈색의 악취 나는 고름이 나오고 이 세균의 독소에서 나온 가스는 피부에 수포를 일으키며 지독한 악취를 풍기게 된다.

항생제가 개발되기 전에는 가스 괴저에 대한 처방은 하나밖에 없었다. 괴저 조직이 제거되기를 바라면서 감염된 부위의 팔다리를 절단하는 것이었다(절단을 하지 못하면 환자는 사망했다.). 제2차 세계 대전 기간 중 설파피리딘(sulfapyridine)과 설파티아졸(sulfathiazole) 같은 항생제의 사용으로 수천 명의 사상자들이 절단 수술을 피할 수 있었다(죽음은 말할 필요도 없고).

설파제가 세균 감염에 효능을 나타내는 이유는 설파닐아마이드 분자의 크기 및 모양 때문에 세균이 엽산(folic acid)을 만들어 내지 못하기 때문이다(헤모글로빈 형성에 관여하는 엽산이 없으면 세균이든 사람이든 생명을 유지할 수 없다.). 비타민 B 복합체 가운데 하나인 엽산은 인체의 세포 성장을 위해 꼭 필요한 물질이다. 엽산은 잎이 무성한 야채(엽산의 folic이란 말은 잎을 뜻하는 foliage에서 온 말이다.), 간, 꽃양배추, 효모, 밀, 쇠고기 같은 음식에 두루 들어 있다. 우리 몸은 엽산을 생성하지 못한다. 따라서 우리는 음식물로 엽산을 보충해 줘야 한다. 반면 일부 세균은 엽산을 보충할 필요가 없다. 세균 스스로 엽산을 만들 수 있기 때문이다.

엽산 분자는 꽤 크고 복잡해 보인다.

엽산의 구조식. 점선 부분은 p-아미노벤조산 분자에서 갖고 온 부분이다.

엽산 분자의 구조식에서 점선으로 표시한 네모 부분을 살펴보자. 점선 부분은 세균이 p-아미노벤조산(p-aminobenzoic acid)에서 유도해 낸(갖고 온) 것이다. 즉 p-아미노벤조산이 없으면 세균은 엽산을 만들어 내지 못한다(따라서 p-아미노벤조산은 세균의 필수 영양소가 된다.).

p-아미노벤조산과 설파닐아마이드의 화학 구조는 놀랄 만큼 모양과 크기가 유사하고 이 유사성 때문에 설파닐아마이드가 항균제로 작용할 수 있게 된다. *p*-아미노벤조산과 설파닐아마이드의 길이(NH₂기의 H에서 이중 결합된 O까지의 길이, 그림에서 꺾쇠로 표시된 부분) 차이는 3퍼센트 이내이며 폭도 거의 같다.

설파닐아마이드   *p*-아미노벤조산

엽산을 합성하는 세균의 효소는 *p*-아미노벤조산 분자와 설파닐아마이드 분자를 구별하지 못하는 것 같다. 세균은 *p*-아미노벤조산 대신 설파닐아마이드를 사용하게 되고 결국 충분한 양의 엽산을 만들지 못해 죽는다. 우리는 음식을 통해 엽산을 섭취하기 때문에 설파닐아마이드의 영향을 받지 않는다.

엄밀히 말하면, 설파닐아마이드 유도체인 설파제는 진정한 항생제가 아니다. 항생제는 "미생물이 만들어 낸 물질로서 매우 적은 양으로 항균 작용을 하는 물질"로 정의된다. 설파닐아마이드는 살아 있는 세포에서 얻은 것이 아니라 사람이 인공적으로 만들어 낸 것으로 대사 길항 물질(代謝拮抗物質, antimetabolite, 미생물의 성장을 저해하는 화학 물질)로 분류된다. 하지만 오늘날 일반적으로 항생제(antibiotic)라는 용어는 천연 물질과 인공 물질을 구별하지 않고 세균을 죽이는 모든 물질을 의미한다.

설파제는 최초의 합성 항생제는 아니었지만(최초의 합성 항생제는 매독 치료제인 살바르산) 세균 감염에 널리 사용된 최초의 화합물들이었다. 설파제는 수십만 명의 부상당한 군인 및 폐렴 환자들의 목숨을 구했을 뿐만 아니라 임산부들의 사망률을 현저하게 떨어뜨렸다. 산욕열을 일으키는 연쇄상구균도 설파제에 반응했기 때문이다. 최근 설파제의 전 세계 사용량은 몇 가지 이유로 감소했다. 그 이유로는 설파제의 장기적인 부작용에 대한 우려, 설파닐아마이드에 내성(耐性)이 생긴 세균의 진화, 더 강력한 새로운 항생제의 개발 등을 들 수 있다.

푸른곰팡이로 만든 항생제 페니실린

최초의 진정한 항생제라고 할 수 있는 페니실린계 항생제들은 지금도 널리 사용되고 있다. 루이 파스퇴르는 한 미생물을 이용해서 다른 미생물을 죽일 수 있음을 최초로 증명해 낸 사람이다. 그는 주위에서 흔히 볼 수 있는 세균을 탄저균(anthrax)이 들어 있는 소변에 약간 첨가하면 탄저균의 증식을 막을 수 있음을 증명했다. 루이 파스퇴르의 뒤를 이어 등장한 조지프 리스터는 소독약으로서의 페놀의 가치를 입증한 뒤 곰팡이의 특성을 연구하기 시작했다. 리스터는 자신을 찾아온 환자 한 명의 오래된 종기를 치료하면서 습포를 사용했는데 이때 아마도 푸른곰팡이(Penicillium) 추출물에 적신 습포를 사용한 것으로 보인다.

이런 긍정적인 결과에서 불구하고 1928년까지 곰팡이의 효능에 대한 추가적인 연구는 단발성에 그쳤다. 1928년, 런던 대학교 세인트 메리 병원 의과 대학에서 연구하고 있던 스코틀랜드 인 의사 알렉산더 플레밍은 푸른곰팡이 계통의 한 곰팡이가 포도상구균의 배양균을 멸균한 것을 발견했다. 그는 푸른곰팡이 군체가 투명해지면서 분해되는 과정을 목격했다. 훗날 리시스(*lysis*)라 불리게 되는 이 과정에 (선임자들과 달리) 흥미를 느낀 플레밍은 추가 실험을 진행했다. 플레밍은 곰팡이가 생성한 특정 화합물이 포도상구균에 대해 항생 작용을 했다고 생각하고 실험을 통해 이것을 확인했다. 훗날 페니킬리움 노타툼(*Penicillium notatum*)으로 불리는 푸른곰팡이를 걸러서 만든 배양액은 유리 접시에 배양한 포도상구균을 멸균하는 데 매우 효과적임이 드러났다. 푸른곰팡이 추출물은 800배나 희석시켰는데도 세균에 대해 여전히 활성 반응을 나타냈다. 게다가 푸른곰팡이 추출물(나중에 플레밍이 페니실린이라고 부른다.)을 주사한 쥐는 아무런 독성 반응을 보이지 않았다. 페니실린은 페놀과 달리 자극이 없었고 감염된 조직에 직접 주사할 수 있었다. 게다가 페니실린은 페놀보다 더 강력한 세균 억제제인 것 같았다. 페니실린은 수막염, 임질, 패혈성 인두염(연쇄상구균 감염의 일종) 등을 일으키는 많은 세균종에 대해 약효를 나타냈다.

하지만 의학 저널에 발표된 플레밍의 연구 결과는 누구의 주목도 받지 못했다. 플레밍의 페니실린 배양액은 너무 묽어서 여기서 활성 성분을 분리해 내려는 플레밍의 시도는 줄곧 수포로 돌아갔다. 이는 (오늘날 밝혀진 바) 페니실린이 실험실에서 흔히 접하는 화학 물질이나 용매, 열에 의해 쉽게 비활성화되기 때문이었다.

페니실린은 10년 이상 임상 실험을 받지 못했다. 이 기간 동안 설파제가 세균 감염에 대항하는 주요 무기로 사용되었다. 1939년, 설파제의 성공으로 고무된 옥스퍼드 대학교의 화학자들, 미생물학자들, 의사들이 모여서 페니실린을 생산하고 분리하는 방법을 연구하기 시작했다. 1941년, 천연 그대로의 페니실린을 사용한 최초의 임상 실험이 이루어졌다. 하지만 유감스럽게도 상투적인 임상 실험 결과가 나왔다. "치료는 성공적이었지만 환자는 사망했던" 것이다. 자초지종을 이야기하면 다음과 같다. 한 환자에게 페니실린을 정맥주사했는데 이 환자는 포도상구균과 연쇄상구균에 감염된 경찰이었다. 24시간 뒤 환자의 차도가 보였다. 5일 뒤 열이 완전히 내리고 감염균도 제거되고 있었다. 그런데 바로 그때 사용할 수 있는 페니실린이 모두 바닥났다. 애초에 준비된 페니실린이 한 찻숟갈 분량밖에 되지 않았고 그나마 그것도 정제되지 않은 푸른곰팡이 추출물이었다. 이 환자의 감염균은 아직 완전히 제거된 것이 아니라서 감염균은 다시 통제할 수 없이 불어났고 그는 곧 사망했다. 이후 두 번째 환자도 사망했다. 하지만 세 번째 임상 실험에서는 충분한 페니실린이 마련되어서, 15세 소년을 감염시킨 연쇄상구균을 완전히 제거할 수 있었다. 세 번째 임상 실험의 성공 이후 페니실린은 또 다른 어린이의 연쇄상구균 패혈증을 치료했다. 옥스퍼드 대학교 연구진은 페니실린이 세균을 이겼다는 것을 마침내 확인했다. 페니실린은 일정 범위의 세균에 대해 효능이 있음이 밝혀졌고, 설파제를 사용했을 때 수반되는 신장 장애 같은 심각한 부작용이 전혀 없음이 판명되었다. 나중에 이루어진 연구들에 따르면 놀라울 만큼 낮은 농도(500만 분의 1)로 희석시킨 페니실린조차도 연쇄상구균의 성장을 억제했다고 한다.

이 당시 페니실린의 화학 구조는 아직 밝혀지지 않았기 때문에 페니실린을 합성한다는 것은 불가능한 일이었다. 페니실린을 얻기 위해서는 여전히 곰팡이에서 추출해야만 했다. 이제 페니실린을 대량 생산하는 문제는 화학자보다는 미생물학자와 세균학자들이 극복해야 할 과제가 되었다. 일리노이 주 피오리아에 있는 미국 농무성 연구소는 미생물 배양 전문가를 모집하면서 대량 생산 연구 프로그램의 중심지로 부상했다. 1943년 7월, 미국 제약 회사들의 페니실린 생산량은 8억 단위(unit)였다. 1년 뒤 미국 제약 회사의 페니실린 월생산량은 1300억 단위로 최고를 기록했다.

제2차 세계 대전 기간, 페니실린의 화학 구조를 결정하고 페니실린의 합성 방법을 찾기 위해 미국과 영국의 39개 연구소에서 1000명의 화학자들이 연구에 투입된 것으로 추정된다. 1946년, 마침내 페니실린의 화학 구조가 결정되었다(페니실린의 합성은 1957년이 되어서야 이루어졌다.).

페니실린 분자는 지금까지 우리가 논한 분자들보다 크지도 않고 구조도 단순해 보일지 모른다. 하지만 페니실린은 다른 분자에서는 잘 볼 수 없는 β-락탐(β-lactam) 고리라는 4개의 원자로 이루어진 고리를 갖고 있다는 점에서 참으로 독특한 분자이다.

페니실린 G 분자의 구조식. 화살표는 4개의 원자로 이루어진 β-락탐 고리를 가리킨다.

4 원자 고리를 가진 분자가 자연계에 존재하기는 하지만 흔하지는 않다. 4 원자 고리를 가진 분자를 합성할 수는 있겠지만 매우 어려운 일이다. 그 이유는 일반적으로 단일 결합한 탄소 원자나 질소 원자가 형성하는 결합각이 약 109도인 반면 4 원자 고리(정사각형)가 형성하는 각도는 90도이기 때문이다. 한편 이중 결합한 탄소 원자의 경우에는 약 120도의 결합각을 형성한다.

단일 결합한 탄소 원자와 질소 원자는 3차원 공간을 차지하고 있다. 반면 이중 결합한 탄소와 산소는 동일 평면 위에 있다.

유기 화합물에서 4 원자 고리는 정사각형이 아니다. 즉 고리가 약간 휘어져 있다. 하지만 고리가 약간 휘어져 있다고 해서 소위 고리 긴장(ring strain)이 완화되는 것은 아니다. 고리 긴장이란 원자가 선호하는 결합각과 너무나 다른 결합각을 취하도록 인위적으로 만들었을 때 원자로부터 야기되는 불안정성을 말하는 것으로 페니실린 분자의 항생 작용을 설명해 주는 것이 바로 이 4 원자 고리의 불안정성이다. 세균은 세포벽을 갖고 있으며 세포벽 형성에 필요한 효소를 생성한다. 그런데 페니실린 분자가 이 효소를 만나면 페니실린 분자의 β-락탐 고리가 끊어지면서 고리가 열리고 고리 긴장이 사라진다. 이때 세균 효소의 OH기가 아실화(acylated)되면서, 고리가 열린 페니실린 분자와 결합한다. 이 아실화 반응은 살리실산을 아스피린으로 만드는 반응과 동일한 유형의 반응이다. 아래 그림에서 5 원자 고리는 그대로지만 4 원자 고리가 열려 있음을 주목하라.

페니실린 분자가 아실화 반응 과정에서 세균의 효소와 결합한다.

 아실화 반응으로 세균의 효소는 세포벽을 형성하는 기능을 발휘하지 못하게 된다. 세균이 세포벽을 형성하지 못하게 되면 세균은 유기체 내에서 더 이상 증식할 수 없게 된다. 동물 세포는 세포벽 대신 세포막을 갖고 있어서 세균과 같은 세포벽 형성 효소가 없다. 덕분에 동물 세포로 구성된 우리는 페니실린 분자의 아실화 반응의 영향을 받지 않는다.

 4 원자로 이루어진 β-락탐 고리의 불안정성은 설파제와 달리 페니실린을 저온 보관해야 하는 이유이기도 하다. 일단 고리가 열리면(열을 가하면 열리는 속도가 빨라진다.) 페니실린 분자의 항생 효능은 사라진다. 세균들은 고리 개방의 메커니즘을 알고 있는 듯하다. 어떤 세균종들은 페니실린이 세포벽 형성에 필요한 효소를 비활성화하기 전에,

β-락탐 고리를 열어 버리는 다른 효소를 먼저 만들어 내서 페니실린에 저항한다.

아래 그림은 페니실린 G의 구조식이다. 페니실린 G는 1940년 곰팡이에서 처음 만들어져 지금도 널리 사용되고 있다. 페니실린 G 외에도 많은 천연 페니실린들이 다양한 곰팡이에서 분리되었고, 이 천연 페니실린에서 많은 합성 페니실린들이 만들어졌다. 페니실린의 종류가 달라진다는 것은 아래 구조식에서 동그라미 친 부분만 달라지는 것을 말한다.

페니실린 G. 동그라미 친 부분은 페니실린 분자의 가변 부분이다.

암피실린(ampicillin)은 페니실린 G에 내성이 생긴 세균에 효과적인 합성 페니실린이다. 암피실린은 페니실린 G의 가변 부분에 NH_2기가 하나 더 붙어 있는 것이다. 아목시실린(amoxicillin)은 오늘날 미국에서 가장 널리 처방되는 약 가운데 하나이다. 아목시실린의 곁기는 암피실린의 곁기와 매우 유사하지만 OH기가 하나 더 있다. 페니실린의 곁기는 페니실린 O의 곁기처럼 매우 단순할 수도 있고, 클록사실린(cloxacillin)의 곁기처럼 더 복잡할 수도 있다. 오늘날 사용되고 있는

암피실린

페니실린 분자의 가변 부분(원 안)에 들어가서 각각 아목시실린(왼쪽), 페니실린 O(가운데), 클록사실린(오른쪽)을 형성하는 곁기의 구조식

열 가지 정도 되는 이종 페니실린 가운데 지금까지 네 가지 페니실린을 소개했다(의학적으로 사용되지 않은 수많은 페니실린들이 있다.). 페니실린 분자의 가변 부분은 구조적으로 바뀔 수 있지만 4 원자 β-락탐 고리는 언제나 그대로이다. 만약 여러분이 페니실린 항생제의 도움을 받은 적이 있다면 여러분의 생명을 구했던 것은 바로 이 β-락탐 고리이다.

20세기의 정확한 사망률 통계를 구하는 것은 불가능하지만 인구학자들이 몇몇 사회의 평균 수명을 추정한 것이 있다. 기원전 3500년에서 서기 1750년경까지 5000년이 넘는 기간 동안 유럽 사회의 기대 수

명은 30세와 40세 사이였다. 기원전 680년경 고대 그리스의 기대 수명은 41세로 많이 올라갔다. 서기 1400년경 터키의 기대 수명은 겨우 31세였다. 이 수치들은 오늘날 후진국의 기대 수명과 비슷하다. 이렇게 사망률이 높은 것은 세 가지 주된 이유(식량 부족, 열악한 공중 보건, 전염병) 때문인데 이들은 서로 밀접하게 연관되어 있다. 즉 영양이 부족해지면 병에 감염될 확률이 높아지고, 보건 위생이 나빠지면 병에 걸리기 쉬운 환경이 형성된다.

반면 농산물 생산량이 많고 훌륭한 수송 체계를 갖추고 있는 나라들은, 식량 공급이 늘어나는 동시에 광범위하게 개선된 개인 위생과 공중 보건 대책(깨끗한 수도 공급, 하수 처리 체계, 쓰레기 수거, 기생충 박멸, 대대적인 면역 및 예방접종 프로그램)으로 전염병 발생 빈도가 현저히 줄고 사람들은 더 건강해져 병에 더 잘 저항할 수 있게 되었다. 이런 개선 사항들 덕분에 1860년대 이후 선진국의 사망률은 꾸준히 떨어지고 있다. 그렇지만 무엇보다도 세균(수많은 세대에 걸쳐 이루 말로 다 할 수 없는 고통과 죽음을 야기한)에게 최후의 심판을 내린 것은 항생제였다.

1930년대 이후, 감염으로 인한 사망률을 떨어뜨리는 데 항생제 분자들이 미친 영향은 주목할 만하다. 폐렴(홍역 바이러스와 함께 흔히 발병하는 합병증) 치료에 설파제를 도입한 이후 홍역으로 인한 사망률이 급격히 떨어졌다. 1900년, 미국의 주요 사망 원인이었던 폐렴, 결핵, 위염, 디프테리아 등은 오늘날 그 목록에서 빠지고 없다. 선 페스트, 콜레라, 발진 티푸스, 탄저병 같은 세균성 질병이 발생하는 곳에서는 항생제가 있어서 병이 확산되는 것을 막을 수 있었다. 오늘날 생물 테러 행위로 말미암아 세균으로 인한 대규모 전염병 발생 가능성에 대중들의 관심이 집중되고 있다. 하지만 현재 우리가 갖추고 있는 항생제라면 그런 공격에 정상적으로 대처할 수 있을 것이다.

또 다른 형태의 생물 테러(항생제 과용이나 남용으로 내성이 생긴 세균에 의한 위협)는 염려스럽다. 평범한 세균이 항생제에 내성이 생겨 생명에 위협을 줄 수 있는 잠재성을 지닌 세균으로 변형되어 우리 주위에 점점 확산되고 있다. 하지만 생화학자들이 세균 및 사람의 물질대사 경로와 과거 항생제들의 작동 방식을 더욱 연구한다면 새로운 항생제를 반드시 개발해 낼 수 있을 것이다. 질병을 일으키는 세균과의 끊임 없는 싸움에서 우리가 우위를 점하기 위해서는 화학 구조에 대한 이해와, 살아 있는 세포와 화학 구조가 상호 작용하는 방식에 대한 이해가 반드시 필요하다.

여성 해방의 방아쇠, 노르에신드론

20세기 중반, 항생제와 소독제가 널리 사용되면서 무엇보다도 여성과 어린이의 사망률이 극적으로 떨어졌다. 과거에는 자녀를 많이 낳았지만(병으로 사망하지 않고 성년까지 자랄 자녀를 감안해서), 20세기 중반 이후 각 가정들은 이제 더 이상 자녀를 많이 낳을 필요가 없어졌다. 전염병으로 아이를 잃을지도 모른다는 공포가 사라짐에 따라 임신을 피함으로써 가족수를 제한하려는 방법, 즉 피임법에 대한 수요가 증대했다. 1960년, 피임약이 등장하면서 현대 사회는 큰 변화를 맞이하게 되었다.

물론 여기서 이야기하는 피임약은 최초의 경구 피임약인 '노르에신드론(norethindrone)'이다. 노르에신드론은 보는 사람의 시각에 따라 찬사를 받기도 했고 비난의 대상이 되기도 했다(1960년대의 성혁명, 여성 해방 운동, 여성주의의 발생, 여성 취업의 증대, 가족 해체 등). 노르에신드론의 장단점에 대한 갑론을박은 차치하더라도 적어도 우리 사회는 노르에신드론의 도입 이후 40여 년간 거대한 변혁을 경험했다.

20세기 초, 미국의 마거릿 생어와 영국의 마리 스톱스 같은 유명한 개혁가들이 피임 도구와 정보를 공개적으로 접할 수 있는 법적 근거를 마련하기 위해 투쟁한 일이 이제는 먼 과거의 일처럼 느껴진다. 오늘날 젊은이들은 20세기 초, 단순히 피임 정보를 제공하는 것만으로도 범죄 행위로 처벌받았다는 이야기를 들으면 의아해한다. 어쨌든 피임이 필요한 것은 분명한 사실이었다. 도시 빈민 지역의 높은 모자 사망률은 다산과 관련이 있었다. 중산층 가정들은 이미 피임법을 사용하고 있었고, 노동 계급 여성들도 피임 정보를 접할 수 있기를 간절히 원했다. 자녀를 많이 둔 어머니들이 피임을 찬성하며 보낸 편지를 보면 원하지 않는 임신이 반복되었을 때 그들이 느낀 절망감이 어떠했는지 생생하게 느낄 수 있다. 1930년대에 이르자 피임(피임은 대개 가족 계획이라는 말로 완곡하게 표현되었다.)에 대한 대중의 공감대가 확대일로에 있었다. 병원과 의료진들이 피임 도구를 처방했고, 일부 지역에서는 공개적인 피임을 불법으로 규정한 법도 개정되고 있었다. 공개적인 피임을 금지하는 법이 그대로인 지역이라고 할지라도 기소가 드물어졌다(피임 문제가 신중하게 다루어진 경우 특히 그랬다.).

거미알, 뱀, 노새, 수은, 수상한 피임약들

수세기 동안 문화권을 불문하고 피임을 원했던 여성들이 삼킨 물

질은 헤아릴 수 없이 많았다. 이 가운데 피임이라는 목표를 달성한 물질은 단 하나도 없었을 것이다(삼킨 물질 때문에 몸이 아파 불임되지 않는 이상). 여기에는 만드는 방법이 꽤 간단한 물질도 있었다. 파슬리와 박하를 우려낸 차나 담쟁이덩굴, 버드나무, 계란풀, 은매화, 포플러 등의 잎이나 껍질을 우려낸 차 등이 그것이다. 거미알과 뱀 등을 혼합한 것도 피임약으로 사용되었다. 그 밖에 과일, 꽃, 강낭콩, 살구씨, 혼합약초액 등도 피임약으로 사용되었다. 한때 노새가 피임약으로 대두되기도 했다. 즉 여성이 노새의 신장이나 자궁을 먹으면 피임이 된다는 주장이었다. 아마 노새(노새는 암말과 수탕나귀의 교배로 태어난다.)가 불임이기 때문에 이런 주장이 나왔을 것이다. 남성 피임약도 여성 피임약 못지않았다. 남성은 피임을 위해 거세한 노새의 구운 고환을 먹어야 했다. 7세기 중국 여성들은 기름으로 볶은 수은을 마셨는데 이 경우 수은 중독 때문에 효과적인 피임이 되었을지도 모르겠다(피임 이전에 여성이 먼저 사망하는 일이 없다는 전제하에서). 고대 그리스와 1800년대 유럽 일부에서는 갖가지 구리염을 녹인 용액을 마셨다. 중세 시대에는 여성이 개구리 입 속에 침을 세 번 뱉으면 피임이 된다고 믿었다(그녀의 피임에 죄 없는 개구리가 무슨 상관인지!).

스테로이드의 비밀

과거 피임을 위해 몸에 발랐던 물질 중에는 살정(殺精) 효과를 지닌 물질도 있었겠지만, 최초의 안전하고 효과적인 피임약은 20세기 중반 등장한 노르에신드론이라는 경구 피임약이라 할 수 있다. 노르에신드론은 스테로이드류(steroids) 가운데 하나이다. 스테로이드는 매우 이상적인 화학 물질이다. 오늘날 일부 운동선수들이 기량 향상을 위해 종종 불법적으로 사용하는 약물도 스테로이드가 맞지만, 운동선수의 기량 향상과 상관없는 스테로이드류도 많다. 이 책에서 우리는 스테로이드라는 용어를 넓은 의미로 사용할 것이다.

분자 구조가 아주 조금만 바뀌어도 화학적 효과가 매우 크게 바뀌는 분자들이 많다. 특히 성호르몬의 경우가 그렇다. 성호르몬으로 남성 호르몬인 안드로겐류(androgens), 여성 호르몬인 에스트로겐류(estrogens), 임신 호르몬인 프로게스틴류(progestins) 등이 있다.

스테로이드류로 분류되는 모든 물질은 서로 결합된 4개의 고리를 공통으로 갖고 있다. 4개의 고리 중 3개의 고리는 각각 6개의 탄소 원자를 갖고 있고 1개의 고리는 5개의 탄소 원자를 갖고 있다. 4개의 고리 각각을 A, B, C, D 고리라 하고, 여기서 D 고리는 5개의 탄소 원자를 갖고 있는 고리이다.

스테로이드 구조를 형성하는 4개의 기본 고리. A, B, C, D 고리가 있다.

콜레스테롤(cholesterol)은 대부분의 동물 조직에서 볼 수 있다. 콜레스테롤은 가장 흔한 동물성 스테로이드이다. 콜레스테롤은 특히 계란 노른자나 인체의 담석에 많이 들어 있다. 콜레스테롤에 대한 악평은 좀 지나친 감이 있다. 우리 몸은 콜레스테롤을 필요로 한다. 콜레스테롤은 담즙산, 성호르몬 등과 같은 체내 스테로이드류의 전구 물질(일련의 반응을 통해 A 물질이 B, C 물질로 변할 때, C 물질이 볼 경우 A와 B 물질이 전구 물질이다. ―옮긴이)로서 매우 중요한 역할을 담당한다. 우리가 조심해야 할 것은 지나치게 많은 콜레스테롤을 음식물로 섭취하는 것이다(콜레스테롤은 굳이 섭취하지 않아도 체내에서 만들어지기 때문이다.). 콜레스테롤의 분자 구조는 스테로이드류의 공통 단위인 결합된 4개의 고리와 메틸기(CH₃, 가끔 구조식 표식의 편의를 위해서 H₃C라고 쓴다) 같은 수많은 곁기들로 이루어져 있다.

콜레스테롤. 가장 흔히 볼 수 있는 동물성 스테로이드

1935년, 곱게 간 황소의 고환에서 테스토스테론(testosterone, 주요 남성 호르몬)이 처음으로 분리되었다. 하지만 최초로 분리된 남성 호르몬은 테스토스테론이 아니라 안드로스테론(androsterone)이다. 안드로스테론은 테스토스테론이 물질 대사되어 테스토스테론보다 성호르몬 기능이 약화된 것으로 오줌으로 배출된다. 안드로스테론과 테스토스테론의 분자 구조는 거의 동일하다(안드로스테론은 테스토스테론이 산화한 것이다. 즉 산소가 테스토스테론의 OH를 치환하며 이중 결합을 형성한 것이 안드로스테론이다.).

테스토스테론   →   물질 대사 및 배출   →   안드로스테론

안드로스테론은 테스토스테론과 한 부분(화살표로 표시된 부분)이 다르다.

1931년, 최초의 남성 호르몬, 안드로스테론이 분리되었다. 벨기에 경찰의 오줌 1만 5000리터를 수거해서 15밀리그램의 안드로스테론을 얻었다(당시 벨기에 경찰은 모두 남성이었을 것이다.).

최초로 분리된 성호르몬은 여성 호르몬인 에스트론(estrone)이다. 1929년, 임신 여성의 소변에서 에스트론을 얻었다. 테스토스테론이 물질 대사를 거쳐 안드로스테론이 만들어지듯이, 여성 호르몬 에스트라디올(estradiol, 주요 여성 호르몬)이 물질 대사를 거치면 에스트론이 생성된다. 에스트라디올은 에스트론보다 성호르몬 기능이 더 강하다. 테스토스테론이 산화 과정을 거쳐 OH기가 산소 이중 결합으로 치환되면서 안드로스테론이 만들어지듯이, 에스트라디올이 산화 과정을 거치면 OH기가 산소 이중 결합으로 치환되면서 에스트론이 만들어진다.

에스트론은 에스트라디올과 한 부분(화살표로 표시된 부분)이 다르다.

안드로스테론, 테스토스테론, 에스트론, 에스트라디올은 우리 몸에 극소량으로 존재한다. 에스트라디올을 처음 분리했을 때, 12밀리그램의 에스트라디올을 얻기 위해 돼지 난소 4톤이 필요했다.

남성 호르몬인 테스토스테론과 여성 호르몬인 에스트라디올의 분자 구조를 보면 매우 비슷하다는 흥미로운 사실을 목격할 수 있다. 즉 분자 구조상의 한두 가지 차이가 엄청난 결과의 차이를 초래한다는 사실이다.

테스토스테론   에스트라디올

만약 남성 여러분이 CH_3기가 하나 부족하고 산소 이중 결합 대신 OH 기가 결합되어 있고 서너 개의 탄소 이중 결합($C=C$)을 갖고 있었다면 사춘기가 되었을 때 남성의 2차 성징(얼굴과 몸에 수염과 털이 나고 목소리

가 굵고 낮아지며 근육이 발달하는)이 발현되는 대신, 가슴이 커지고 골반이 넓어지고 월경을 시작하게 되었을 것이다.

테스토스테론은 아나볼릭 스테로이드(anabolic steroid)이다. 아나볼릭스테로이드란 근육 발달을 촉진하는 스테로이드를 의미한다. 근육 발달을 촉진하고 근육 퇴화를 초래하는 상처나 질병에 대처하기 위해 테스토스테론과 유사한 분자 구조를 가진 인공 테스토스테론류가 개발되었다. 이 약들은 처방대로만 복용하면 남성화 효과를 최소화하면서 근육 재생을 돕는다. 하지만 덩치를 키우고 싶어서 다이아나볼(dianabol)이나 스타노조롤(stanozolol) 같은 합성 스테로이드를 규정치의 10배나 20배로 사용하면 온몸이 망가지는 부작용이 초래된다.

천연 테스토스테론과 비교한 합성 동화 작용 스테로이드류(다이아나볼, 스타노조롤)

스테로이드류 오용으로 초래되는 수많은 부작용 가운데 몇 가지 예를 들어 보면 간암과 심장병 발병 확률과 공격성이 높아지고 여드름이 심해지며 불임이 되거나 고환이 오그라드는 것 등이 있다. 남성의 2차 성징을 촉진하는 호르몬을 총칭해서 안드로겐이라고 한다. 좀 이상하게 들릴지도 모르겠지만 합성 안드로겐 스테로이드는 고환을 오그라들게 한다. 이는 신체 외부에서 합성 테스토스테론이 공급되면 테스토스테론을 만드는 고환의 기능을 우리 몸이 더 이상 필요로 하지 않아서 고환이 퇴화되기 때문이다.

테스토스테론과 유사한 구조를 갖고 있다고 해서 모든 분자가 남성 호르몬처럼 기능하는 것은 아니다. 주요 임신 호르몬인 프로게스테론(progesterone)은 스타노조롤보다 테스토스토론과 안드로스테론을 더 많이 닮았을 뿐만 아니라, 에스트로겐류보다도 남성 호르몬류(테스토스토론과 안드로스테론)를 더 많이 닮았다. 프로게스테론은 CH_3CO 기(아래 그림에서 동그라미 친 부분)가 테스토스테론의 OH기를 치환한 물질이다.

프로게스테론

이것이 프로게스테론과 테스토스테론의 화학 구조상 유일한 차이점 이지만 여기에서 엄청난 차이가 파생된다. 프로게스테론은 수정란의 착상을 준비하라는 신호를 자궁 내막에 보낸다. 임신한 여성이 임신 기간 중에 또 임신하지 않는 것은 프로게스테론이 지속적으로 공급되어 추가 배란을 억제하기 때문이다. 화학자들이 피임약을 만들어 낼 수 있는 생물학적 배경 지식이 바로 이것이다. 즉 체외에서 프로게스테론이나 프로게스테론 비슷한 물질이 공급되면 배란을 억제할 수 있다.

천연 프로게스테론을 피임약으로 사용할 때 몇 가지 주요 문제점이 있다. 첫 번째 문제는, 천연 프로게스테론은 주사로만 투약할 수 있다는 사실이다. 입으로 섭취하면 효능이 극도로 떨어지는데 천연 프로게스테론이 위산이나 소화를 돕는 다른 물질과 반응하기 때문인 것 같다. 또 다른 문제는 12밀리그램의 에스트라디올을 얻기 위해 4톤의 돼지 난소가 필요했다는 사실에서 알 수 있듯이 천연 스테로이드류는 동물 속에 매우 소량으로 존재한다는 사실이다. 즉 동물로부터 천연 스테로이드류를 추출하는 것은 그다지 실용적이지 못한 방법이다.

이런 문제들에 대한 해법은 입으로 먹었을 때도 그대로 작용하는 인공 프로게스테론을 합성하는 것이다. 인공 프로게스테론을 대량으로 합성하기 위해서는 4개의 고리로 이루어진 스테로이드계를 함유하고 있는 시작 물질이 필요하다(CH_3기는 스테로이드계의 지정된 위치에 결합되어 있어야 한다.). 즉 프로게스테론의 역할을 흉내 내는 분자를 합성하기 위해서는 '실험실에서 적절한 반응으로 분자 구조를 바꿀 수 있는 스테로이드 물질(시작 물질)'을 대량으로 수월하게 공급받을 수 있어야 한다.

멕시코 얌과 마커 분해법

방금 우리는 천연 프로게스테론의 이용 한계와 여기에 대한 해법으로 합성 프로게스테론의 필요성을 이야기했다. 하지만 지금 우리는 지나온 사실을 전지적 관점에서 보고 있다는 사실을 간과해서는 안 된다. 최초의 합성 피임약은 전혀 다른 문제들을 해결하려는 시도에서 나온 것이었다. 화학자들은 자신들이 만들어 낸 피임약이 궁극적으로 사회 변혁을 가속화하고 여성들에게 자신들의 삶을 조절할 수 있는 통제권을 제공해, 전통적인 성역할을 바꿀 줄은 꿈에도 몰랐다. 경구 피임약 개발에 지대한 공헌을 한 미국인 화학자 러셀 마커도 예외가 아니었다. 마커의 실험 목표는 피임약을 만드는 것이 아니라 새로운 스테로이드 분자(코티존, cortisone)를 경제적으로 만들 수 있는 방법을 찾는 것이었다.

전통과 권위에 저항하는 삶은 마커에게 어울리는 삶의 방식이었는지도 모른다(마커의 업적으로 개발될 수 있었던 피임약도 전통과 권위에 저항해야만 했으니). 마커는 고등학교를 졸업한 뒤 소작인이었던 아버지의 바람과 반대로 대학교에 진학해서 1923년 메릴랜드 대학교에서 화학을 전공해 학사 학위를 받았다. 마커 본인은 "농장일에서 벗어나기 위해" 학업을 계속했다고 하지만 화학에 대한 재능과 관심이 없었다면 마커가 대학원 공부를 계속하겠다는 결정은 내릴 수 없었을 것이다. 마커의 박사 학위 논문이 《미국 화학회지(*Journal of the American Chemical Society*)》에 실렸을 때 지도 교수들은 마커에게 박사 학위 취득을 위한 필수과목인 물리 화학 분야의 한 과정을 들을 것을 권유했다.

하지만 마커는 더 생산성 있는 연구를 할 수 있는 소중한 시간을 박사 학위 과정 이수에 보내는 것은 시간 낭비란 생각이 들었다. 박사 학위 가 없으면 연구 기회가 적게 와 연구 경력을 쌓기 힘들다고 지도 교수 들이 반복해서 이야기했음에도 불구하고 마커는 대학원을 떠나 버렸 다. 3년 뒤, 마커는 맨해튼에 있는 저명한 록펠러 연구소의 연구원으로 들어갔다(마커의 재능이 박사 학위 미수료라는 약점을 극복했다는 걸 알 수 있다.).

록펠러 연구소에서 마커는 스테로이드에, 특히 스테로이드의 대량 생산법에 흥미를 갖게 되었다. 당시 화학자들은 스테로이드 고리계 에 결합되어 있는 다양한 곁기들의 구조를 이리저리 바꿔 보는 연구 를 하고 있었는데, 만약 스테로이드를 대량 생산할 수 있게 되면 충분 한 연구 재료가 확보되는 셈이었다. 당시 임신한 말의 오줌에서 프로 게스테론을 분리해 내는 비용(그램당 1000달러 이상)은 연구소에 근무하 는 화학자들의 급료보다 높았다. 암말의 오줌에서 추출된 소량의 프 로게스테론의 주 용도는 부유한 마주들의 소중한 경주마 혈통이 유산 되는 것을 예방하는 것이었다.

마커는 스테로이드를 함유한 화합물들이 폭스글로브, 은방울꽃, 사르사파릴라(sarsaparilla), 협죽도 등을 비롯한 수많은 식물에 함유되 어 있다는 사실을 알았다. 식물에서 4개의 고리를 가진 스테로이드계 만 분리해 내는 것은 불가능했지만 식물에서 발견되는 스테로이드의 양은 동물보다 훨씬 많았다. 마커는 식물을 연구하는 것이 자신이 가 야 할 길이라고 생각했다. 그러나 여기서 마커는 또 전통과 권위와 충 돌하게 된다. 록펠러 연구소의 전통에 따르면 식물 화학은 마커가 소 속된 부서의 담당이 아니라 약리학 부서의 담당이었다. 록펠러 연구

소장은 마커가 식물 스테로이드를 연구하는 것을 금지했다.

마커는 록펠러 연구소를 떠났다. 마커는 펜실베이니아 주립 대학교 특별 연구원으로 가서 스테로이드에 대한 연구를 계속하면서 나중에는 파크데이비스 제약 회사(Parke-Davis drug company)와 공동 연구를 하게 된다. 결국 마커가 자신의 연구에 필요했던 스테로이드류를 대량으로 만들어 낼 수 있었던 원천은 식물이었다. 마커는 사포닌류(saponins)를 함유하는 것으로 알려진 사르사파릴라 뿌리로 연구를 시작했다(사르사파릴라 뿌리는 루트비어나 청량 음료의 향료로 사용된다.). 사포닌이라는 이름은 물 속에 녹으면 거품이 이는 성질 때문에 붙은 이름이다(비누(soap)를 비롯해 수많은 비누 관련 용어들이 사포 산(Mount Sapo)에서 유래되었다.—옮긴이). 사포닌류는 셀룰로오스나 리그닌 같은 중합체 분자에 비할 바는 아니지만 꽤 복잡한 분자이다. 사포닌 중 사르사파릴라에서 얻은 사포닌, 즉 사르사사포닌(sarsasaponin)은 스테로이드 고리계와 여기에 결합된 3개의 당 단위로 구성되어 있다.

사르사사포닌(사르사파릴라에서 얻은 사포닌 분자)의 구조식

3개의 당 단위는 2개의 포도당 단위와 람노스(rhamnose)라는 1개의 당 단위로 이루어져 있다. 3개의 당 단위를 제거하는 것은 간단한 일이다. 산을 가하면 (앞쪽 그림의)화살표로 표시된 부분에서 3개의 당 단위가 떨어져 나간다.

사르사사포닌 ——산 또는 효소와 반응——→ 사르사사포게닌 + 2개의 포도당 + 람노스

문제는 사르사사포닌 분자에서 3개의 당이 떨어져 나가고 남은 사포게닌(sapogenin), 즉 사르사사포게닌(sarsasapogenin)이었다. 사르사사포게닌으로부터 스테로이드 고리계를 얻기 위해서는 곁기(아래 구조식에서 동그라미 친 부분)를 제거해야만 했다. 당시 주류를 이루었던 화학 지식에 따르면 스테로이드계를 파괴하지 않고 곁기를 분리해 내기란 불가능한 일이었다.

사르사사포게닌(사르사파릴라에서 얻은 사포게닌)

마커는 곁기를 제거할 수 있다고 확신했다. 그의 생각은 옳았다. 그가 개발한 공정으로 4개의 고리로 이루어진 스테로이드계가 분리되었

고 여기서 몇 단계를 더 거치자 여성의 몸에서 만들어진 프로게스테론과 화학적으로 동일한 순수한 합성 프로게스테론이 만들어졌다. 한 번 곁기가 제거되기 시작하자 수많은 스테로이드 화합물들이 합성되기 시작했다. 사포게닌의 스테로이드계에서 곁기를 제거하는 이 절차는 수십억 달러 규모의 합성 호르몬 산업에서 지금도 사용되고 있는 방법이다. 이 방법은 "마커 분해법(Marker degradation)"으로 불린다.

마커는 사르사파릴라보다 더 많은 시작 물질을 함유하고 있는 식물을 찾는 일에 착수했다. 사포닌류에서 당 단위를 제거했을 때 얻어지는 스테로이드인 사포게닌류는, 사르사파릴라류 외에도 연령초속 식물(trillium), 유카 속 식물, 폭스글로브, 용설란, 아스파라거스 등을 비롯한 수많은 식물에서 찾아볼 수 있다. 마커는 수많은 열대 및 아열대 식물을 조사한 끝에, 멕시코 베라크루스 주 산맥에서 디오스코레아(*Dioscorea*) 속의 한 종인 야생 멕시코얌(wild Mexican yam)을 발견했다. 이때는 미국이 제2차 세계 대전에 참전한 1942년 초였다. 멕시코 정부는 식물 채집 허가를 내 주지 않았고 마커는 야생 멕시코얌을 채집하러 베라크루스 지역에 들어가서는 안 된다는 이야기를 들었다. 지금도 그런 충고를 들을 마커가 아니지만 그 당시에도 그는 그런 충고를 무시했다. 마커는 버스를 타고 야생 멕시코얌이 자생한다고 들었던 지역에 도착해 30센티미터 정도 되는 블랙 헤드(지역 주민들이 야생 멕시코 얌을 부르는 이름인 cabeza de negro를 해석하면 black head이다.)의 검은 뿌리를 두 자루 가량 채집했다.

펜실베이니아로 돌아온 마커는 사르사파릴라의 사르사사포게닌과 매우 유사한 디오스게닌(diosgenin, 야생 멕시코얌에서 얻은 사포게닌)을 추출했다. 사르사사포게닌과 디오스게닌의 유일한 차이점은 다이오스게닌에 이중 결합(아래 그림에서 화살표로 표시)이 하나 더 있다는 것이었다.

디오스게닌
사르사포게닌

디오스게닌(야생 멕시코 얌에서 얻은 사포게닌)은 이중 결합(화살표로 표시된 부분)이 하나 더 있다는 점이 사르사포게닌(사르사파릴라에서 얻은 사포게닌)과 다르다.

마커 분해법을 거쳐 필요 없는 곁기들이 제거되고 몇 단계 화학 반응을 더 거쳐 풍부한 양의 프로게스테론이 만들어졌다. 마커는 저렴한 비용으로 대량의 프로게스테론을 얻을 수 있는 방법은, 풍부한 야생 멕시코얌을 손쉽게 이용할 수 있도록 멕시코에 공장을 세우는 일이라고 확신했다.

하지만 마커 생각에는 실용적이고 합리적인 이 방법이 마커의 설득 대상이었던 주요 제약 회사들에게는 그렇지가 못했다. 전통과 권위가 다시 한번 마커의 앞길을 가로막는 순간이었다. 제약 회사들은 멕시코 인들은 그런 복잡한 화학 합성 공정을 해 본 역사가 없다며 마커에게 난색을 표명했다. 마커는 기존 제약 회사들로부터 재정적 지원을 받을 수 없게 되자 자신이 호르몬 생산 사업에 뛰어들기로 결심했다. 마커는 펜실베이니아 주립 대학교에서 사임하고 멕시코로 가

서 1944년 다른 사람들과 합자하여 신텍스(Syntex, Synthesis와 Mexico의
합성어)라는 이름의 제약 회사를 설립했다. 훗날 신텍스 사는 스테로
이드계 제품 분야에서 세계적인 선도 기업이 된다.

하지만 신텍스 사와 마커의 관계는 오래 가지 못했다. 마커는 보
수, 이익, 특허 등에 대한 의견 차이로 신텍스 사를 떠나게 된다. 마커
는 유럽 제약 회사들의 투자를 받아 보태니카멕스(Botanica-Mex)라는
새로운 회사를 설립하지만, 유럽 제약 회사들은 결국 이 회사에서 손
을 떼고 말았다.

이 즈음 마커는 스테로이드계를 함유한 디오스게닌을 매우 많이
함유한 디오스코레아(*Dioscorea*) 속의 새로운 얌들을 발견했다. 덕분

러셀 마커. 마커 분해법으로 알려진 일련의 화학 공정의 개발로 화학자들은 풍부한 식물 스테
로이드 분자를 이용할 수 있게 되었다. (사진 제공 펜실베이니아 주립 대학교)

에 합성 프로게스테론 생산 비용은 꾸준히 내려갔다. 이 얌들은 원래 멕시코 지역 농민들이 물고기 잡는 독(물고기를 마비시키지만 사람은 먹을 수 있는 물질이다.)으로만 사용했던 것인데 지금은 멕시코에서 상업적으로 재배되고 있다.

　마커는 자신의 발견을 누구나 제한 없이 사용할 수 있어야 한다고 생각했기 때문에 자신의 공정을 특허 내는 것을 언제나 꺼려했다. 1949년, 마커는 동료 화학자들에 대해서, 그리고 화학 연구의 동기가 주로 돈이라는 사실에 역겨움과 실망감을 느끼고 화학계를 완전히 떠날 마음으로 자신의 모든 연구 노트와 실험 기록을 폐기했다(지금은 그도 금전적인 동기 부여가 화학 연구에 보탬이 된다는 사실을 인정한다.). 마커의 수많은 연구 노트와 실험 기록들은 폐기되었지만 오늘날 마커가 개척한 화학 공정들은 피임약 탄생을 가능하게 한 연구 성과로 인정받고 있다.

노르에신드론의 탄생

　1949년, 미국으로 이민 온 젊은 오스트리아 인 카를 제라시가 위스콘신 대학교에서 박사 학위를 마치고 멕시코시티에 있는 신텍스 사의 연구소에 합류했다. 제라시의 박사 학위 논문은 테스토스테론을 에스트라디올로 화학적으로 변환하는 문제를 다룬 것이었다. 신텍스 사는 야생 얌에서 얻은 비교적 풍부한 프로게스테론을 코티존(cortisone)으로 변환하는 방법을 찾기를 원하고 있었다. 코티존은 부신피질(신장에 인접한 부신의 바깥 부분)에서 분리된 스물여덟 가지가 넘는 호르몬 가운데 하나이며 류머티즘 치료에 특히 잘 드는 강력한 소염제이다. 코티존도 다른 스테로이드류처럼 동물 조직에 소량으로 존재한다. 코티존을 실험실에서 합성할 수는 있지만 비용이 많이 든다. 코티존을 합성하기 위해서는 32단계를 거쳐야 하고 합성 단계의 시작 물질인 데속시콜린산(desoxycholic acid)은 황소 쓸개즙에서 분리해야 하는데 황소 쓸개즙은 그 양이 많지 않았다.

제라시는 마커 분해법을 이용해서 디오스게닌 같은 식물싱 재료로 코티존을 훨씬 더 싸게 생산할 수 있는 방법을 선보였다. 코티존 합성에서 가장 문제가 되었던 장애물 가운데 하나는, 산소를 C 고리의 11번 탄소와 이중 결합시키는 문제였다. 원래 데속시콜린산 같은 담즙산(膽汁酸, bile acid)이나 프로게스테론 같은 성호르몬류의 경우 C 고리의 11번 탄소 자리에서 치환 결합이 일어나지 않는다.

코티존. 산소와 11번 탄소가 이중 결합한 곳이 화살표로 표시되어 있다.

제라시는 거미줄곰팡이(*Rhizopus nigricans*)를 이용해 산소를 C 고리의 11번 탄소에 붙이는 방법을 발견해 냈다. 이 방법 덕분에 프로게스테론이 코티존으로 합성되는 데는 총 8단계만 거치면 되게 되었다(한 단계는 미생물학적 단계이고 나머지 7단계는 화학적 단계이다.).

프로게스테론

코티존

디오스게닌에서 코티존을 합성해 낸 제라시는, 디오스게닌에서 에스트론과 에스트라디올도 합성해 냈다. 이로 말미암아 신텍스 사는 호르몬류와 스테로이드류의 세계적인 주 공급자로서 발군의 위치를 차지하게 되었다. 제라시의 다음 연구는 인공 프로게스틴을 합성하는 일이었다. 인공 프로게스틴이란 입으로 삼켜도 프로게스테론 같은 특성을 지닐 수 있는 유사 프로게스테론을 말한다. 원래 인공 프로게스틴 합성의 목적은 피임약 제조가 아니었다. 당시 프로게스테론(지금은 1그램에 1달러 미만으로 저렴한 가격에 구할 수 있다.)은 유산 경험이 있는 여성을 치료하는 데 사용되고 있었다. 프로게스테론은 주사로만 투약할 수 있었고 그것도 한꺼번에 꽤 많은 양을 투약해야만 했다. 과학 논문을 읽던 제라시는 프로게스테론의 D 고리에 결합되어 있는 기를 탄소 대 탄소의 삼중 결합(C≡C)으로 치환하면 이 물질을 입으로 삼켜도 프로게스테론 같은 특성이 그대로 유지될지 모른다는 생각이 들었다. 당시 이미 나와 있던 한 연구 보고서에는 프로게스테론의 19번 탄소에 붙어 있는 CH₃기를 제거하면 유사 프로게스테론 분자들의 효능이 향상되는 것 같다는 내용이 있었다. 1951년 11월, 제라시와 그의 팀이 제조해서 특허 받은 인공 프로게스틴은 천연 프로게스테론보다 효능이 8배나 더 강력했고 경구 투여가 가능했다. 이 인공 프로게스틴에는 노르에신드론(norethindrone)이란 이름이 붙여졌다(nor는 CH₃기가 제거되었음을 의미한다.).

천연 프로게스테론의 구조식과 인공 프로게스틴인 노르에신드론의 구조식 피임약을 비판하는 사람들은 남성이 피임약을 개발했다는 사실과 (남성이 아닌) 여성이 피임약을 복용해야 한다는 점을 지적한다. 물론 피임약을 개발한 화학자들은 남성이었다. 하지만 오늘날 "피임약의 대부"로 불리는 제라시는 훗날 이런 이야기를 남겼다. "우리가 개발한 물질이 전 세계 경구 피임약 절반의 활성 성분이 될 줄은 꿈에도 몰랐습니다." 노르에신드론은 원래 임신을 돕거나 생리 불순, 특히 심각한 빈혈을 수반하는 생리 불순을 경감시킬 목적의 호르몬제로서 개발되었던 물질이다. 그러던 것이 1950년대 초, 두 여성의 노력으로 제한적인 불임 치료제로 사용되던 노르에신드론이 지구촌 여성들의 일상 생활에 없어서는 안 될 생활 필수품으로 자리 잡게 되었다.

여성 해방 시대를 낳은 푸에르토리코 실험

국제 가족 계획(International Planned Parenthood)을 설립한 마거릿 생어는 1917년, 브루클린 진료소에서 피임약을 이민 여성들에게 나누어 주었다는 이유로 수감되었다. 여성에게는 자신의 신체와 출산을 통제할 수 있는 권리가 있다고 믿은 생어는 평생을 열정적으로 살았다. 캐서린 매코믹은 매사추세츠 공과 대학에서 생물학 학위를 받은 최초의 여성 가운데 한 명이었다. 매코믹(남편의 사망으로 재산을 물려받았다.)도 생어처럼 대단한 부자였다. 매코믹은 30년 이상 생어와 알고 지내면서, 생어가 피임 도구인 페서리(diaphragm)를 미국으로 밀반입하는 것을 도왔으며 산아 제한 운동에 재정적 지원을 했다. 70대가 된

생어와 매코믹은 매사추세츠 주 슈루즈베리에 있는 그레고리 핀커스를 찾아갔다. 핀커스는 산과 전문의였고 우스터 실험 생물학 재단 (Worcester Foundation for Experimental Biology)이라는 작은 비영리 단체의 창립자 가운데 한 명이었다. 생어는 핀커스 박사에게 안전하고 값싸고 믿을 수 있고 "아스피린처럼 먹을 수 있는 완벽한 피임약"을 만들자는 모험적인 제안을 했다. 매코믹은 친구 생어가 뛰어든 모험을 재정적으로 도왔다. 매코믹은 15년 이상 동안 300만 달러가 넘는 돈을 이 연구에 기부했다.

핀커스와 우스터 재단의 그의 동료들은 일단 토끼를 대상으로 한 실험에서 프로게스테론이 배란을 막는다는 것을 확인했다. 핀커스는 자기와 같은 분야 전문가인 하버드 대학교의 존 록 박사를 만나면서 사람을 대상으로 한 실험에서도 프로게스테론이 배란을 막는다는 것을 알게 되었다. 부인과 의사인 록은 자신이 맡고 있는 환자의 출산 문제를 해결할 방법을 찾고 있었다. 록은 불임 환자에게 몇 달 동안 프로게스테론을 처방해서 배란을 막아 임신이 안 되게 하다가 어느 순간 프로게스테론 주사를 중지시키면 '반발 효과'로 임신이 될 거라는 생각을 하고 있었다.

1952년, 매사추세츠 주는 미국에서 가장 엄격한 산아 제한 금지법을 통과시켰다. 산아 제한 자체는 불법이 아니었지만 피임 도구를 전시, 판매, 처방, 제공하는 것은 물론이고 피임 정보 제공조차 모두 범죄에 해당되었다. 이 법은 무려 1972년 3월까지 유효했다. 이런 법적 제한 속에서 록은 환자들에게 프로게스테론 주사 치료법을 매우 조심스럽게 설명했다. 프로게스테론 주사 치료법은 여전히 실험 중이었으므로 환자들이 실험 절차에 대해 인지하고 동의하는 것이 반드시 필요했다. 록은 환자들에게 가임 확률을 높이기 위해 배란을 억제한다는 것을 설명하고 일시적인 부작용이 있다는 것을 강조했다.

록과 핀커스는 많은 양의 프로게스테론을 주사한다고 해서 장기간의 피임이 가능하리라고는 생각하지 않았다. 핀커스는 지금까지 개발된 인공 프로게스테론 가운데 입으로 먹을 수 있으며 더 적은 양으로 더 강력한 효능을 나타내는 것이 있는지 알아보기 위해 제약 회사와 접촉을 시작했다. 답변이 돌아왔다. 핀커스의 요구 조건에 맞게 개발된 합성 프로게스틴은 두 가지가 있었다. 신텍스 사의 제라시가 특허를 낸 노르에신드론이라는 물질과 시카고에 본사를 둔 제약 회사 G. D. 설(G. D. Searle)이 특허를 낸 노르에시노드렐(norethynodrel)이라는 물질이었다. 설 사의 노르에시노드렐과 제라시의 노르에신드론은 매우 유사했으며, 이중 결합의 위치가 다르다는 것이 유일한 차이점이었다(노르에시노드렐과 노르에신드론은 화학식이 같고 배열이 다른 구조 이성질체이다.). 두 물질 가운데 프로게스테론 같은 효능을 발휘하는 물질은 노르에신드론인 것으로 보인다(위산 때문에 노르에시노드렐의 이중 결합이 노르에신드론의 이중 결합으로 위치가 이동되는 것 같다.).

각각의 화살표는 이중 결합의 위치를 가리키고 있다. 설 사의 노르에시노드렐과 신텍스 사의 노르에신드론의 유일한 차이점은 이중 결합의 위치이다.

노르에시노드렐과 노르에신드론은 각각 특허를 받았다. 노르에시노드렐이 체내에서 노르에신드론으로 바뀔 때 특허권 침해의 소지가 있느냐 하는 법적 논란은 일어나지 않았다(일어났으면 재미있었을 것이다.).

핀커스는 우스터 재단에서 토끼를 대상으로 노르에시노드렐과 노르에신드론으로 배란 억제 실험을 했다. 토끼는 아무런 부작용 없이 불임이 되었다. 록은 자신의 환자들에게 조심스럽게 노르에시노드렐(오늘날 에노비드(Enovid)라는 이름으로 불리고 있다.)로 임상 실험을 시작했다. 그 당시에도 록이 계속해서 불임과 생리 불순을 연구하고 있었다는 주장은 전혀 틀린 말은 아니다. 록의 환자들은 여전히 불임과 생리 불순 문제로 도움을 구하고 있었고 록은 사실상 예전과 동일한 실험을 하고 있었고 적어도 몇몇 여성들은 수개월 동안 배란을 막았다가 해제하면 가임률이 올라가는 것 같았다. 대신 이번에 록이 사용한 것은 합성 프로게스테론이 아니라 인공 프로게스틴이었다. 더욱이 이번 실험에 사용한 인공 프로게스틴은 환자들이 입으로 섭취하는 것이었고 투약량도 합성 프로게스테론보다 더 적었다. 합성 프로게스테론과 인공 프로게스틴은 반발 효과가 동일한 것 같았다. 환자들을 주의 깊게 관찰한 결과 록은 에노비드가 배란을 100퍼센트 방지함을 확인했다.

이제 필요한 것은 현장 실험이었다. 현장 실험은 푸에르토리코에서 이루어졌다. 최근까지도 '푸에르토리코 실험'은 가난하고 배우지 못하고 아무것도 모르는 여성을 이용한 것이 아닌가 하는 비난을 받고 있다. 하지만 푸에르토리코는 산아 제한에 대한 계몽 측면에서 매사추세츠 주보다 훨씬 앞서 있었다. 푸에르토리코는 인구의 대부분이 가톨릭 신자이지만 1937년 법 개정(매사추세츠보다 35년 먼저)을 통해 피임 도구의 유통을 더 이상 불법으로 규정하지 않았다. '예비 엄마 진료소(pre-maternity clinics)'로 알려진 가족 계획 진료소가 생겼고 푸에르토리코 의과 대학 의사들과 공중 보건 당국자들과 간호사들도 경구 피임약의 현장 실험을 지지했다.

연구를 위해 뽑힌 여성들은 실험이 끝날 때까지 조심스럽게 보호되고 꼼꼼하게 체크되었다. 이 여성들은 가난하고 저학력일 수는 있었으나 실용주의적이고 현실적인 여성들이었다. 이 여성들은 복잡한 여성 호르몬의 과학은 이해하지 못했을지 몰라도 자녀를 많이 두었을 때 감수해야 하는 위험은 잘 알고 있었다. 방 2개짜리 오두막집에서 농사로 간신히 생계를 이어 가는 13명의 자녀를 둔 36세의 어머니에게는, 원치 않는 임신보다 피임약의 부작용 가능성이 훨씬 더 안전해 보였을 것이다. 1956년, 푸에르토리코 실험에는 지원자가 끊이지 않았다. 이후 하와이와 멕시코시티에서 이루어진 추가 연구에서도 지원자의 행렬이 끊이지 않았다.

세 나라에서 2000명 이상의 여성들이 실험에 참가했다. 그 밖의 나라에서 다른 형태의 피임법을 사용한 여성들의 피임 실패율이 30~40퍼센트였던 것과 대조적으로, 세 나라 여성들의 피임 실패율은 약 1퍼센트였다. 경구 피임약의 임상 실험 결과는 성공적이었다. 여성을 구속하는 출산이 가져오는 곤란과 참상을 많이 보아 온 두 여성, 생어와 매코믹이 제안했던 개념은 실행 가능한 것임이 밝혀졌다. 아이러니하게도 이 실험이 매사추세츠 주에서 실행되었다면 피실험자에게 이 실험을 알리는 것만으로도 불법이 되었을 것이다.

1957년, 미국 식품의약국(FDA)은 피임약 에노비드를 생리 불순 치료제로서 제한적으로 승인했다. 전통과 권위의 힘은 여전히 강했다. 에노비드의 효능은 분명했지만 매일 복용해야 하는 피임약을 여성들이 좋아하지 않을 거란 생각과, 비교적 비싼 가격(한 달에 약 10달러) 때문에 여성들이 구입을 망설일 거란 생각이 지배적이었다. 하지만 FDA가 에노비드를 승인한 지 2년 뒤, '생리 불순'을 이유로 에노비드를 복용한 여성은 무려 50만 명에 이르렀다.

G. D. 설 사는 FDA에 에노비드를 경구 피임약으로 신청했고, 1960년 5월 에노비드는 경구 피임약으로 공식적인 승인을 받았다. 1965년, 거의 400만에 육박하는 미국 여성들이 피임약을 복용하고 있었고, 1985년, 세계적으로 8000만 명의 여성들이 피임약을 복용하는 것으로 추정되었다(야생 멕시코얌으로 연구한 마커의 실험이 없었다면 이 세상에 피임약은 나올 수 없었을 것이다.).

현장 실험 기간 중에 사용한 에노비드는 1알이 10밀리그램짜리(오늘날 푸에르토리코 실험이 비난받는 또 하나의 이유이다.)였지만 곧 5밀리그램, 그 후 2밀리그램으로 줄었고 나중에는 훨씬 더 적은 함량으로 줄었다. 이후 합성 프로게스틴과 소량의 에스트로겐을 결합시키면 부작용(체중 증가, 메스꺼움, 돌발 출혈)이 줄어든다는 사실이 발견되었다. 1965년, 신텍스 사는 노르에신드론의 라이선스를 빌려 준 파크데이브스 제약과 오르소(Ortho)를 통해 피임약 시장의 대부분을 장악했다(오르소는 존슨앤존슨의 자회사이다.).

남성을 위한 피임약이 개발되지 않은 이유는 무엇일까? 마거릿 생어(그녀의 어머니는 11명의 자녀 출산과 수많은 유산으로 몸이 약해져 50세에 사망했다.)와 캐서린 매코믹은 피임약 개발에 결정적인 역할을 한 사람들이다. 두 사람은 여성들이 피임을 통제할 수 있어야 한다고 믿었다. 경구 피임약을 맨 처음 개발한 사람들이 남성을 위한 피임약을 합성했다면 아마도 다음과 같은 비난이 일지 않았을까? "남성 화학자들이 피임법을 개발했기 때문에 피임 통제권이 남성들에게 넘어갔다."

남성 경구 피임약은 생물학적으로 만들기 어렵다. 노르에신드론과 기타 인공 프로게스틴류는 천연 프로게스테론이 우리 몸에 지시하는 것(배란을 멈추라는 지시)을 단지 흉내만 낼 뿐이다. 남성은 호르몬 주기가 없다. 매일 생성되는 수백만 개의 정자를 막기란 한 달에 한 번 나오는 난자를 막는 것보다 훨씬 어렵다.

그럼에도 불구하고 피임 책임을 양성이 더 평등하게 분담할 필요가 있다는 데 공감해서 수많은 남성 피임약 개발을 위해 많은 물질들이 연구되고 있다. 비호르몬 접근법 가운데 하나로 고시폴이 있다. 고시폴은 면실유에서 추출한 유독성 폴리페놀인데 1권의 일곱 번째 이야기에서 언급한 적이 있는 물질이다.

고시폴

1970년대, 중국에서 이루어진 남성 피임약 실험에 따르면 고시폴이 정자 생산 억제에 효과가 있음을 볼 수 있다. 하지만 고시폴 복용을 중단했을 때 정자 생산이 다시 원상태로 복귀되는지에 대한 불확실성과 고시폴 복용으로 인한 체내 칼륨 농도 저하가 문제점으로 지적되었다 (칼륨 농도 저하는 불규칙한 심장 박동으로 귀결된다.). 최근 이루어진 중국과 브라질의 실험에서 더 적은 양(매일 10~12.5밀리그램)의 고시폴을 복용하면 이런 부작용들이 통제될 수 있음이 시사되고 있다.

미래에 얼마나 더 새롭고 더 좋은 피임법이 등장해 어떤 양상이 전개될지 몰라도, 노르에신드론처럼 우리 사회에 큰 변혁을 끼친 피임약이 나올 것 같지는 않다. 피임약은 지금도 사회적으로 보편적인 인정을 받지 못하고 있다. 도덕, 가족관, 건강, 장기적 영향, 기타 관련 문제들이 여전히 도마 위에 올라 있다. 하지만 피임약이 가져온 주요 변혁(여성이 자신의 출산을 통제할 수 있게 된 것)이 사회 혁명으로 귀결되었다는 점은 의심의 여지가 없을 것이다. 지난 40년 동안 노르에신드론이나 이와 유사한 분자들이 널리 상용화된 나라를 보면, 출산율이 떨어지고 여성에게 더 많은 교육의 기회가 돌아갔으며 유례를 찾아 볼 수 없을 만큼 여성 노동 인구가 많이 늘어났다.

노르에신드론은 단순한 피임약 이상이었다. 노르에신드론의 도입은 출산과 피임뿐만 아니라 개방과 기회의 인식을 알리는 신호탄이 되어 수세기 동안 터부시되었던 것들(유방암, 가정 폭력, 근친상간)을 여성들이 터놓고 말할 수 있게 되고 행동으로 표출할 수 있게 되었다. 지난 40년 동안 일어난 여성 지위의 변화는 어안이 벙벙할 정도로 놀랍다. 출산과 양육이 선택 사양이 된 지금, 여성들은 이제 국가를 경영하고 제트 전투기를 조종하거나 심장 수술을 집도하고 마라톤에 참가하며 우주를 비행하고 회사를 경영하면서 세계를 누비고 있다.

마녀들의 화학 분자, 알칼로이드류

14세기 중반에서 18세기 후반에 걸쳐 한 무리의 분자들이 수십만 명의 운명을 결정지었다. 이 기간 동안 거의 전 유럽에서 얼마나 많은 사람들이 마녀로 몰려 화형당하고 교수형당하고 고문받았는지 정확한 수치는 알 수 없다. 추정치에 따르면 4만 명에서 수백만 명에 이를 거라고 한다. 마녀로 몰린 사람 중에는 남자, 여자, 아이, 귀족, 농부, 성직자 등도 있었지만 대부분은 가난하고 나이 많은 여성들이었다. 수백 년간 유럽을 휩쓴 히스테리와 망상의 풍파에 하필이면 여성들이 주로 희생되었는가 하는 수많은 이유들이 제기되었다. 우리는 특정 분자 때문에 여성들이 주로 희생당하지 않았을까 추측해 본다(수세기 동안 벌어진 마녀 사냥에 특정 분자가 전적으로 책임 있다고 할 수는 없지만).

중세 후반 마녀 사냥이 시작되기 오래전부터 주술과 마법에 대한 믿음은 늘 인류 사회의 한 부분을 이루고 있었다. 석기 시대에는 여성을 묘사한 조각이 숭배의 대상이 되었는데 이는 출산이라는 여성의 신비로운 힘 때문이었던 것 같다. 고대 문명의 전설에는 초자연적인 것들이 많이 등장한다(동물의 형상을 한 신, 괴물, 마법을 거는 여신, 마법사, 요괴, 악귀, 유령, 반인반수, 영혼, 하늘과 숲과 호수와 바다와 지하에 거주하는 신 등). 기독교가 전파되기 전의 유럽도 예외가 아니어서 곳곳에서 마법과 미신이 난무했다.

기독교가 유럽으로 전파되면서 수많은 이교도의 우상과 축제는 교회의 의식과 축전으로 흡수되었다. 기독교는 이교도 축제에 쏠리는 관심을 돌리기 위해 11월 1일을 만성절로 정했다. 하지만 해마다 겨울의 초입을 알리는 10월 31일이 되면 여전히 우리는 할로윈을, 죽은 자를 기리는 켈트 족의 성대한 축제로 기념하고 있다. 크리스마스이브는 원래 로마 인들이 농신제를 지내던 날이었다. 크리스마스트리를 비롯해서 호랑가시나무, 담쟁이, 양초와 같이 오늘날 우리가 크리스마스 하면 떠올리는 수많은 것들이 원래는 이교도들의 것이었다.

마녀로 몰린 약초술사들

1350년(14세기 중반)까지 마법의 의미는 주술을 수행하는 것, 즉 자신의 이익을 얻을 목적으로 자연을 통제하고자 하는 방법이었다. 그 당시에는 농작물과 사람을 보호하기 위해 주문을 외는 것, 어떤 대상에 영향력을 행사하기 위해 주문을 거는 것, 영혼을 불러내는 것 등은 일상적인 일이었다. 유럽 대부분 지역에서 주술은 생활의 일부분으

로 받아들여졌고 마법은 남에게 피해를 줄 때만 범죄로 간주되었다. 비술을 사용한 마녀의 악행으로 피해를 입은 사람들은 마녀를 상대로 법적 보상을 요구할 수 있었다. 하지만 피해를 입었다고 주장한 이들이 재판에서 피해 사실을 입증할 수 없다면 이들 자신이 벌금과 재판 비용을 물어야 했다. 이런 제도하에서 무고한 고소는 자연스럽게 억제되었다. 즉 마녀가 사형에 처해진 경우는 드물었다. 마법은 조직적인 종교도 아니었고 종교를 조직적으로 반대하는 것도 아니었다. 마법은 전혀 조직적이지 않았다. 마법은 단지 민속의 일부였을 뿐이었다.

그런데 14세기 중반부터 마법에 대한 사회적 태도가 변화하기 시작했다. 기독교는 마법이 교회 안에서 이루어지는 한 기적으로 간주해 마법에 대해 반대하지 않았다. 하지만 교회 밖에서 행해진 마법은 사탄의 행위로 간주되었고 마녀들은 악마와 한통속으로 여겨졌다. 로마 가톨릭이 이단(주로 프랑스 남부 알비파)을 다루기 위해 1233년경 설립한 종교 재판소(Inquisition)는 권한이 확대되어 마법 문제까지 다루게 되었다. 사실상 이단이 제거되자 종교 재판소는 새로운 희생자가 필요해졌고, 일부 당국자들은 마법으로 시선을 돌릴 것을 주장했다. 당시 유럽 전역에서 마녀로 의심되는 사람은 한둘이 아니었다. 종교 재판소는 마녀로 선고받은 사람에서 몰수한 토지와 재산을 지역 유지들과 나눠 가졌기 때문에 마녀로 의심되는 사람이 많다는 것은 그만큼 종교 재판소의 잠정적 수입이 많다는 것을 의미했다. 곧 마녀들은 악행을 했다는 이유가 아니라 단지 악마와 계약을 맺은 것으로 의심된다는 이유만으로 유죄가 선고되었다.

당시 악마와 계약을 맺는다는 것은 매우 끔찍한 범죄로 여겨졌다.

15세기 중반, 마녀 재판에서는 더 이상 일반인들을 대상으로 하는 법률을 적용하지 않게 되었다. 마녀 고발 자체가 증거로 채택되었다. 고문은 허용되는 정도가 아니라 아예 상습적으로 행해졌다. 고문 없는 자백은 믿을 수 없는 것으로 간주되었다(오늘날 시각에서는 오히려 이상하게 보이겠지만).

주신제, 악마와의 성교, 빗자루 타고 날아다니기, 영아 살해, 유아 식인 같은 마녀의 행위는 대부분 상식을 초월하는 것이었지만 그 시대 사람들은 마녀들이 당연히 그럴 것이라고 믿었다. 고소된 마녀의 약 90퍼센트가 여성이었고, 마녀를 고소한 사람들 중에는 남성들만큼 여성들도 많았을 것이다. 소위 마녀 사냥이란 것이 여성과 여성성을 겨냥해 잠재되어 있던 편집증이 겉으로 드러나는 계기가 되었는지 여부는 지금도 논란이 되고 있다. 홍수, 가뭄, 흉작 같은 자연 재해가 일어난 곳이면 어김없이 마녀를 봤다는 증인이 나타나 가난한 여성들을 마녀로 지목하고는 했다(악마와 함께 연회에서 뛰어 노는 것을 봤다거나 고양이 같은 동물 형상을 한 심술궂은 유령을 데리고 마을을 날아 다니는 것을 봤다며).

가톨릭 국가, 개신교 국가 할 것 없이 모두 마녀 사냥의 광풍에 휩싸였다. 마녀 사냥 편집증이 극에 달했던 1500년경과 1650년경 사이, 스위스의 어떤 마을은 살아남은 여성이 거의 없을 정도였다. 독일의 어떤 작은 마을은 마을 사람 모두가 화형으로 처형되었다. 그러나 영국과 네덜란드는 유럽의 다른 지역과 달리 마녀 광란에 휩싸이지 않았다. 영국은 법에서 고문을 허락하지 않았다. 대신 마녀로 의심되는 여성들은 수중 테스트를 받았다. 여성의 양팔을 몸통에 묶고 연못에 던졌을 때 진짜 마녀는 수면 위로 떠오르는데 그렇게 되면 그녀를 끄

집어내 적절한 형벌(교수형)을 가했다. 마녀로 고발당한 여성이 물 속으로 가라앉아 익사하면 그녀에 대한 마녀 혐의는 벗겨지고 그녀는 무죄로 간주되었다. 남아 있는 가족들한테는 다행이지만 목숨을 잃은 그녀한테는 아무 쓸모 없는 판결이었다.

마녀 사냥에 대한 공포는 아주 천천히 사라져 간 반면, 마녀로 고소당한 사람들은 너무 많아 공동체의 경제적 복지는 위협을 받게 되었다. 봉건주의가 물러가고 계몽주의 시대가 도래하면서 교수형과 화형을 무릅쓰고 마녀 사냥의 광기를 반대하는 용감한 남성과 여성들의 목소

마녀 재판을 보여 주고 있는 18세기 초 네덜란드 델프트 타일(delft tile). 오른쪽에 있는 피고(수면 위로 다리가 나와 있는)는 물 속에 가라앉고 있어서 무죄가 선언될 것이다. 왼쪽에는 마녀로 고소된 여성을 물 위로 뜰 수 있도록 돕는 사탄의 손이 보인다. 이제 유죄가 증명된 왼쪽 여성은 물 밖으로 끄집어내져 산 채로 화형에 처해질 것이다(사진 제공 Horvath Collection, Vancouver).

리가 점차 커졌다. 수세기 동안 유럽을 휩쓸었던 마녀 사냥 열풍은 점진적으로 잦아들어 네덜란드의 마녀 사냥은 1610년을 끝으로 막을 내렸고 영국은 1685년을 끝으로 막을 내렸다. 1699년 85세의 노파를 화형시킨 스칸디나비아 반도의 마지막 마녀 사냥은 순전히 어린이의 말(어린이 자신이 노파와 함께 하늘로 날아 올라 악마의 연회에 참석했다는)만 믿고 이루어진 것이었다.

18세기, 마녀 사냥은 공식적으로 중지되었다. 스코틀랜드는 1727년 공식적인 마녀 사냥이 중지되었고, 프랑스는 1745년, 독일은 1775년, 스위스는 1782년, 폴란드는 1793년 중지되었다. 교회와 국가는 이제 더 이상 마녀를 처형하지 않았지만 여론 재판은 수세기 동안 마녀 사냥을 하느라 어느덧 몸에 밴 마녀에 대한 공포와 혐오를 미처 포기할 준비가 되어 있지 않았다. 멀리 떨어진 시골 마을은 여전히 오래된 관행이 지배하고 있어서 마녀로 의심되는 수많은 여성들은 비공식적으로 험악한 운명을 맞았다.

마녀로 고소된 여성들의 다수는 질병 치료와 통증 완화에 지역 식물들을 익숙하게 사용할 줄 아는 약초술사(herbalist)였다. 종종 마을 사람들에게 미약(媚藥, 사람의 감정을 일으키는 약)을 제공하거나 주문을 외거나 주술을 푸는 일도 그녀들이 맡았다. 마을 사람들의 눈에 그녀들이 사용하는 약초가 효능이 있다는 사실은 마법 의식의 일부인 주문이나 제식만큼 신비롭게 보였을 것이다.

약초를 사용하고 처방하는 것은 그때나 지금이나 위험한 일이 될 수 있다. 약초에서 약효 성분의 농도는 약초 부위에 따라 다르다. 같은 식물이라 할지라도 서로 다른 지역에서 채취된 것은 약효가 다르다. 또한 채취 시기에 따라서도 적정 분량을 만드는 데 필요한 식물의 양이 달라질 수 있다. 소위 마법약(elixir)에 들어가는 많은 식물들이 약효가 없을 수도 있고 어떤 식물들은 매우 효과적이면서 치명적으로 유독한 성분을 가질 수도 있다. 약초술사들은 식물에 들어 있는 약효 성분 때문에 마법사로서 명성이 높아지기도 했지만 반대로 그 때문에 마녀로 몰려 죽음을 맞이하기도 했다.

마법약과 알칼로이드류

바이엘 사가 1899년 아스피린을 판매하기 수세기 전부터 민간에 전승되었던 살리실산은 유럽에 흔한 버드나무와 메도스위트에서 얻어졌다(열 번째 이야기 참조). 야생 셀러리 뿌리는 근육의 쥐를 예방하는 데 처방되었고 파슬리는 유산을 일으킨다고 믿어졌으며 담쟁이는 천식 증상을 완화하는 데 사용되었다. 흔히 볼 수 있는 폭스글로브 (*Digitalis purpurea*)에서 추출된 디기탈리스는 오래전부터 심장에 매우 효과적인 물질, 즉 강심배당체류(*cardiac glycosides*)를 함유하고 있는 것으로 알려졌다. 강심배당체는 심장 박동수를 늦추며 심장 주기를 규칙적으로 만들고 심장 박동을 힘차게 하기 때문에 약초술사 같은 전문적인 의약 경험이 없는 사람이 처방해도 강력한 효능을 볼 수 있었다. 강심배당체류는 사포닌류이기도 하다. 강심배당체류는 경구 피임약인 노르에신드론이 합성되었던 사르사파릴라나 야생 멕시코 얌에 함유된 사포닌류과 매우 유사한 사포닌류이다(열한 번째 이야기 참조). 강심배당체의 한 예로 다이곡신(digoxin)을 들 수 있다. 다이곡신은 미국에서 가장 널리 처방되는 약물 가운데 하나이며 민간 요법에서 유래된 훌륭한 약물 가운데 하나이다.

1795년, 영국인 의사 윌리엄 위더링은 폭스글로브의 효능을 소문으로 전해 듣고 울혈성 심부전을 처방하는 데 폭스글로브의 추출물을 사용했다. 하지만 폭스글로브의 추출물에서 울혈성 심부전에 효과 있는 물질(다이곡신)을 화학자들이 분리할 수 있게 된 것은 이로부터 1세기가 훨씬 지난 뒤의 일이었다.

다이곡신의 구조식. 다이곡신의 당 단위는 사르사파릴라의 당 단위나 야생 멕시코 얌의 당 단위와 동일하지 않다. 디기톡신은 다이곡신과 달리 스테로이드 고리계에 OH기(화살표로 표시된 부분)가 없다.

폭스글로브에서 추출한 디기탈리스에는 다이곡신 외에도 다이곡신과 매우 유사한 강심배당체류가 함유되어 있다. 그 중 하나가 디기톡신(digitoxin)인데 디기톡신은 위 구조식에서 나타낸 것처럼 OH기 하나가 없다는 점이 다이곡신과 다르다. 다이곡신 및 디기톡신과 유사한 강심배당체류는 백합속 식물, 미나리아재비속 식물 등에서도 찾아볼 수 있다. 하지만 강심배당체류 제조에는 지금도 여전히 폭스글로브가 주로 사용되고 있다. 약초술사들은 정원에서 또는 초원에서 손쉽게 강심제 식물을 구했다. 고대 이집트 인들과 로마 인들은 히아신스와 같은 과에 속하는 보옥란(*Urginea maritima*)의 추출물을 강심제와 쥐약으로 사용했다(보옥란을 한꺼번에 많이 사용하면 쥐약이 된다.). 오늘날에는 보옥란이 또 다른 종류의 강심제 분자를 함유하고 있다는 사실이 밝혀졌다.

강심제 분자들이 강심 효과를 나타내는 것은 강심제 분자들이 모두 같은 구조적 특징을 지니고 있기 때문이다. 아래 그림에서 보듯이 모든 강심제 분자들은 5개 원자로 구성된 1개의 락톤 고리와 1개의 OH기를 갖고 있다(락톤 고리는 스테로이드계의 끝에 결합되어 있고 OH기는 스테로이드계의 C 고리와 D 고리 사이에 있다.).

락톤 고리

C 고리와 D 고리 사이의 OH기

아스코르브산

다이곡신 분자에서 당 단위를 제외한 부분. 강심 효과를 나타내는 OH기와 락톤 고리가 화살표로 표시되어 있다. 락톤 고리는 아스코르브산(비타민 C)에서도 볼 수 있다.

심장에 영향을 미치는 물질이 식물에만 들어 있는 것은 아니다. 동물에서도 강심배당체와 유사한 구조를 가진 물질들이 발견된다. 하지만 이 물질들은 강심배당체처럼 당을 함유하고 있지 않으며 강심제로도 사용되지 않는다. 오히려 이 물질들은 경련을 일으키는 독극물이며 의학적 가치가 전혀 없는 물질이다. 이 독극물들은 양서류에서 얻는다(두꺼비와 개구리에서 얻은 독을 화살촉에 사용한 경우를 세계 곳곳에서 볼 수 있다.). 흥미로운 것은 무속 설화에서 마녀를 따라 다니는 것으로 묘사되는 동물 가운데 고양이 다음으로 가장 흔한 동물이 두꺼비라는 사실이다. 전설에 따르면 마녀들이 제조한 수많은 마법약들이 두꺼비를 재료로 만들어졌다고 한다. 뷰포톡신(bufotoxin)은 유럽에서 흔히 볼 수 있는 두꺼비(*Bufo vulgaris*)가 가진 독의 활성 성분이며 지금까지 알려진 가장 강력한 독극물 가운데 하나이다. 뷰포톡신의 스테로이드 고리계는 디기톡신의 스테로이드 고리계와 놀라운 유사성을 보여 준다. 즉 뷰포톡신도 C 고리와 D 고리 사이에 OH기를 갖고 있다. 단, 디기톡신은 5 원자 락톤 고리를 갖고 있는 반면 뷰포톡신은 6 원자 락톤 고리를 갖고 있다.

두꺼비에서 얻은 뷰포톡신의 스테로이드계는 폭스글로브에서 얻은 디기톡신의 스테로이드계와 구조적으로 유사하다.

뷰포톡신은 강심제가 아니라 심장에 독이 되는 물질이다. 마녀 사냥이 본격적으로 시작되기 전에 마녀로 고발된 여성들은 폭스글로브의 강심배당체류 대신 두꺼비의 독(뷰포톡신)을 사용한 여성들이었다.

마녀들이 두꺼비를 좋아한다는 통념 외에도 마녀 하면 언제나 떠오르는 통념 가운데 하나는 빗자루를 타고 하늘을 날아 올라 악마의 연회에 참석하는 마녀의 모습이다. 이 연회는 자정에 열렸다고 하는데 아마도 크리스마스 미사를 술 마시는 악마의 연회로 패러디한 것이 아닌가 싶다. 마녀로 고발당한 많은 여성들이 고문을 받고 자백하기를 자신들은 직접 하늘을 날아서 악마의 연회에 참석했다고 한다. 이것은 놀라운 일이 아니다. 우리도 만약 그와 똑같은(진실을 밝히려고 자행되는) 죽음의 고통에 놓였다면 역시 그런 자백을 했을 것이다. 정작 놀라운 것은 마녀로 고소된 수많은 여성들이 고문받기도 전에 도저히 불가능한 일(빗자루를 타고 하늘을 날아 올라 악마의 연회에 참석했다는 것)을 했다고 자백했다는 사실이다. 이런 자백을 했다고 해서 고문을 피하는 데 도움이 됐을 리가 만무하다. 이 여성들은 자신들이 빗자루를 타고 굴뚝 위를 날아 올랐다고 믿으며 온갖 종류의 성적 도착을 탐닉했을 가능성이 매우 높다. 이 여성들이 자신들을 그렇게 생각할 수 있는 충분한 화학적 근거가 있다. 그것은 바로 알칼로이드류(alkaloids)로 알려진 한 무리의 화합물이다.

알칼로이드는 식물에서 얻어지는 물질로 하나 이상의 질소 원자를 갖고 있는 물질이다(이 질소 원자는 대개 탄소 원자로 이루어진 고리의 일부를 형성한다.). 우리는 이미 피페린, 캡사이신, 인디고, 페니실린, 엽산 같은 몇몇 알칼로이드 분자를 접한 적이 있다. 알칼로이드는 다른 어떤 화학 물질군보다 역사에 많은 영향을 끼친 물질이다. 인체에 들어온 알칼로이드는 대개 생리학적으로 활성이며 통상적으로 중추 신경계를 자극하고 일반적으로 독성이 매우 높다. 자연계에 존재하는 일부 알칼로이드는 수천 년 동안 약으로 사용되었다. 알칼로이드에서 만들어진 유도체들은 진통제인 코데인(codeine), 국소 마취제인 벤조카인(benzocaine), 말라리아 특효약인 클로로퀸(chloroquine) 같은 수많은 현대 의약품들의 근간이 되고 있다.

우리는 앞에서 식물을 보호하는 화학 물질들의 역할을 언급한 적이 있다. 식물은 위험을 피해 달아날 수도 없고 적을 만났을 때 몸을 숨길 수도 없다. 가시와 같은 물리적인 보호 수단은, 작정하고 달려드는 초식 동물들을 만나면 소용없는 경우도 있다. 화학 물질은 동물, 곰팡이, 세균, 바이러스로부터 자신을 보호할 수 있는 (수동적이지만) 매우 효과적인 수단이다. 알칼로이드는 천연의 곰팡이 제거제, 살충제이자 구충제이다. 우리가 매일 식물이나 식물로 된 식품을 통해 섭취하게 되는 천연 살충제는 평균 1.5그램으로 추정된다. 매일 우리 몸에 잔류하는 합성 살충제는 약 0.15밀리그램으로 추정된다(천연 살충제보다 약 1000배나 적은 양이다!).

체내의 들어오는 알칼로이드가 소량이라면 알칼로이드의 생리학적 효과는 대개 인체에 유익하다. 오랫동안 많은 알칼로이드들이 약으로 쓰였다. 빈랑(檳榔)나무(Areca catechu)의 열매에서 발견되는 알칼로이드인 아크레카이딘(acrecaidine)은 아프리카와 동양에서 각성제로 사용된 오랜 역사를 갖고 있다. 빈랑나무 열매는 으깨어서 빈랑나무 잎으로 쌈을 싸서 씹는다. 빈랑나무 열매를 씹은 사람들은 이가 검게 물들고 많은 양의 검붉은 타액을 뱉어내기 때문에 쉽게 표가 난다. 마황(麻黃, Ephedra sinica)에서 얻을 수 있는 에페드린(ephedrine)은 중국 의학에서 수천년 동안 사용되어 왔고 오늘날 서양에서도 소염제와 기관지 확장제로 사용되고 있다. 티아민(thiamine, B_1), 리보플라빈(riboflavin, B_2), 나이아신(niacin, B_4)과 같은 비타민 B군도 모두 알칼로이드류로 분류된다. 고혈압 치료제와 진정제로 사용되는 레세르핀(reserpine)은 아메리카 원주민이 사용하던 스네이크루트(snakeroot, Rauwolfia serpentina)라는 식물에서 분리한 알칼로이드이다.

어떤 알칼로이드는 독성만으로도 그 명성이 자자하다. 기원전 399년 소크라테스가 독약으로 마신 것이 헴록(hemlock, Conium maculatum)의 유독 성분인 코니인(coniine)이라는 알칼로이드이다. 신에 대한 불경(不敬)과 아테네의 젊은이들을 타락시켰다는 죄목으로 유죄 판결을 받은 소크라테스는 헴록의 열매와 씨로 만든 독약을 마시라는 사형 선고를 받았다. 코니인은 모든 알칼로이드류 가운데 가장 단순한 구조를 지닌 분자 중 하나이지만 스트리키닌(strychnine) 같은 복잡한 알칼로이드 분자와 동일한 맹독성을 지닌다. 스트리키닌은 아시아가 원산지인 마전(馬錢, *Strychnos nux-vomica*)의 씨앗에서 얻는다.

코니인(왼쪽)과 스트리키닌(오른쪽)의 구조식

마녀들은 "하늘을 날게 하는 마법약(기름과 연고로 이루어진 물질이었는데 기름과 연고는 비행을 원활하게 했던 것 같다.)"을 만들 때 흔히 맨드레이크(mandrake), 벨라도나(belladonna), 헨베인(henbane)의 추출물을 넣었다. 이 식물들은 모두 가짓과(*Solanaceae*)에 속하는 식물이다. 맨드레이크(*Mandragora officinarum*)의 뿌리는 두 갈래로 갈라져 있어 사람의 하반신을 닮았다고 한다. 맨드레이크는 지중해 지역이 원산지이며 고대부터 정력 회복제나 마취제로 사용되었다. 맨드레이크에는 기이한 전설이 많다. 맨드레이크는 땅에서 뽑힐 때 귀청을 찢을 듯한 괴성을 지른다고 하는데, 근처에 있는 사람들은 맨드레이크의 악취와 소름끼치는 비명 때문에 목숨을 잃는다고 한다. 윌리엄 셰익스피어의 「로미오와 줄리엣」에서 줄리엣의 대사("땅에서 뽑힌 맨드레이크 같은 악취와 비명 소리로…… / 맨드레이크가 지르는 비명 소리를 들으면 미쳐 버립니다.")를 봐도 맨드레이크에 대한 이런 전설이 그 시대에 보편적으로 알려져 있었음을 알 수 있다. 맨드레이크는 교수대 아래에서 자랐다고 하는데 사형수가 교수형 당할 때 나오는 정액에서 싹튼 것이라고 한다.

마법약에 사용된 두 번째 식물은 벨라도나(deadly nightshade, *Atropa belladonna*)이다. '벨라도나'라는 이름은 벨라도나의 검은 열매(berry)에서 추출한 즙을 눈 속에 넣는 이탈리아 여성들의 관습에서 유래했다. 벨라도나 즙을 눈 속에 넣으면 동공이 확장되는데 동공이 큰 여성은 미인으로 여겨졌고 이탈리아 어로 "아름다운 여인"을 뜻하는 벨라도나는 식물의 이름이 되었다. 벨라도나를 많이 복용하면 죽은 듯한 혼수 상태에 빠지게 된다. 당시 일반인들도 이 사실을 잘 알고 있었던 것 같고 줄리엣이 마신 약도 벨라도나였을 가능성이 높다. 셰익스피어는 로미오와 줄리엣에서 이렇게 썼다. "이 약이 당신(줄리엣)의 혈관을 모두 돌면 / 당신은 차갑게 잠이 들고 맥박은 멈출 것이오." 계속해서 이렇게 쓰고 있다. "시체처럼 뻣뻣해진 상태가 / 42시간 지속될 것이오. / 그 후 기분 좋은 잠에서 깨어나듯이 일어날 것이오."

마법약에 사용된 세 번째 가짓과 식물, 헨베인은 히오스키아무스 니게르(*Hyoscyamus niger*)인 것 같다(히오스키아무스 속의 다른 종들도 마법약에 사용되었을지 모른다.). 헨베인은 최면제, 진통제(특히 치통), 마취제, 그리고 (아마) 독약으로서 사용된 긴 역사를 갖고 있다. 헨베인의 특성도 앞서 이야기한 두 가지 식물들의 특성 못지않게 잘 알려져 있었던 것 같다. 셰익스피어의 「햄릿」을 보면 유령으로 나타난 아버지가 아들인 햄릿에게 다음과 같은 말을 하는 대목이 나오는데 당시 사람들이 헨베인의 특성을 보편적으로 알고 있었음을 엿볼 수 있다. "너의 삼촌이 / 저주의 헤보나 즙이 든 약병을 들고 와서 / 내 두 귀에 부었단

다." 헤보나(hebona)라는 말은 헨베인 외에도 주목이나 흑단을 의미
할 때도 쓰이지만 화학적 견해에서 볼 때 이 경우에는 헨베인이 더 이
치에 맞아 보인다.

맨드레이크, 벨라도나, 헨베인은 다양한 종류의 알칼로이드(질소를
포함한 염기성 유기 화합물)를 함유하고 있으며 이 알칼로이드들은 분자
구조가 매우 유사하다. 히오시아민(hyoscyamine)과 히오스신
(hyoscine)은 세 식물(맨드레이크, 벨라도나, 헨베인)에서 성분비만 다를 뿐
공통으로 발견되는 두 가지 주요 알칼로이드류이다. 아트로핀
(atropine)은 히오시아민의 이성질체로서 지금도 귀하게 여겨진다. 매

히오시아민의 이성질체인 아트로핀

아트로핀과의
유일한 차이점

스코폴라민(히오스신)

우 묽게 희석시킨 아트로핀은 안구 검사를 할 때 동공 확장에 사용된다. 체내 아트로핀 농도가 너무 높으면 시야가 흐려지고 흥분 상태에 빠지게 되며 심하면 섬망 상태에 이른다. 아트로핀에 중독되면 체액 고갈 증상이 맨 먼저 나타나는데 이 특성을 역이용하기도 한다. 즉 수술할 때 여분의 타액이나 점액이 분비되어 수술에 지장을 받는 경우가 있는데 이때 아트로핀을 처방한다. 히오스신은 스코폴라민(scopolamine)으로도 알려져 있는데 자백약으로 더 유명하다(스코폴라민의 의약적 가치에 비하면 부당한 명성이다.). 스코폴라민은 모르핀과 조합해서 '트와일라이트 슬립(Twilight Sleep)'이라는 마취제로 사용된다. 하지만 트와일라이트 슬립의 약효 때문에 진실을 자백하게 되는 것인지 그냥 중얼거리는 것인지 여부는 확인된 바 없다. 그럼에도 불구하고 탐정 소설 작가들은 언제나 자백약이라는 착상을 좋아했고 앞으로도 소설 속에서 자백약이라는 개념을 그렇게 계속 사용할 것이다. 스코폴라민도 아트로핀처럼 분비를 억제하고 도취감을 느끼게 하는 특성을 갖고 있다. 소량으로 처방된 스코폴라민은 멀미약으로 사용된다. 미국 우주 비행사들도 우주 공간에서 스코폴라민을 멀미약으로 사용한다.

이상하게 들리겠지만 아트로핀은 유독성이면서 자신보다 독성이 더 강한 화합물군들의 해독제로 작용한다. 1995년 4월 도쿄 지하철에서 테러리스트가 살포한 사린(sarin) 같은 신경 가스나 파라티온(parathion) 같은 유기 인산 화합물 살충제는 신경 전달 물질(신경 사이의 신호를 전달하는 물질)이 정상적으로 제거되는 것을 방해한다. 신경 전달 물질이 제거되지 못하면 신경 말단이 끊임없이 자극을 받아 경련이 일어나고 이때 심장이나 폐가 영향을 받으면 사망에 이르게 된다. 아트로핀은 신경 전달 물질의 생성을 막는다. 따라서 적절한 양이 투약되면 아트로핀은 사린이나 파라티온에 대한 효과적인 처방이 될 수 있다.

과거 유럽의 마녀들도 확실히 알고 있었고 지금도 분명한 사실은 두 알칼로이드류, 아트로핀과 스코폴라민이 물에 잘 녹지 않는다는 점이다. 마녀들은 아트로핀과 스코폴라민을 직접 섭취하면 그들이 원했던 황홀경을 맛보는 대신 죽음에 이른다는 것을 알고 있었을 것이다. 그녀들은 맨드레이크, 벨라도나, 헨베인의 추출물을 삼키는 대신 지방이나 기름에 녹여 피부에 발랐다. 피부를 통한 흡수(경피 투과 약물 전달, transdermal delivery)는 오늘날 특정 약물을 섭취하는 표준 방법이다. 금연을 원하는 사람을 위한 니코틴 패치, 귀밑에 붙이는 멀미약, 호르몬 대체 요법 등이 이 방법을 사용한다.

하늘을 날게 했다는 마녀들의 마법약에 대한 기록에서 볼 수 있듯이 경피 투과 약물 전달법은 수백 년 전부터 알려진 방법이다. 오늘날 알려진 바에 따르면 약물 흡수가 가장 잘 되는 곳은 피부가 가장 얇고 그 피부 바로 밑에 혈관이 지나가는 곳이다. 따라서 약물의 빠른 흡수가 필요할 경우 성기나 직장에 직접 투입할 수 있는 좌약이 사용된다. 마녀들이 마법약을 온몸에 바르거나 겨드랑이나 외음부를 문질렀다고 전해지는 걸로 봐서 그들도 이런 해부학적 지식을 알고 있었던 것 같다. 기록에 따르면 마녀들은 마법약을 빗자루의 긴 손잡이 부분에 바르고 그 위에 걸터앉아 아트로핀·스코폴라민 함유 혼합물을 생식기 점막에 문질렀다고 한다. 이런 기록들이 성(性)적인 의미를 내포하고 있었음은 그 시대에 만들어진 판화를 봐도 분명하다(당시의 판화들은 옷을 다 벗거나 부분적으로 걸친 마녀들이 몸에 마법약을 바르고 빗자루를 타고 가마솥 주변에서 춤을 추는 모습을 묘사하고 있다.).

물론, 화학적으로 생각해 봐도 마녀로 지목된 사람들이 빗자루를 타고 악마의 연회에 갔을 리는 만무하다. 하늘을 날았다는 것은 일종의 공상, 즉 환각제 성분을 지닌 알칼로이드류으로 인해 생긴 환상이었다. 오늘날 스코폴라민과 아트로핀으로 인한 환각 증상은 자정에 벌어졌다던 마녀의 모험과 아주 유사하다(하늘을 날아다니거나 떨어지는 느낌, 왜곡된 시야, 도취감, 히스테리, 육체와 영혼이 분리되는 느낌, 주위가 빙빙 돌아가는 느낌, 악마와의 조우 등). 이 증상의 마지막 단계는 거의 혼수 상태와 같은 깊은 잠에 빠져드는 것이다.

주술과 미신에 경도된 시대적 배경을 감안하면, 게다가 스코폴라민과 아트로핀이 주는 환각을 매우 생생하게 묘사하고 있는 걸로 봐서, 마법약을 온몸에 바른 그녀들 생각에 정말로 자신들이 밤하늘을 날아다니고 열광적인 댄스 파티와 광란의 연회에 참석했다고 믿을 수도 있는 일이다. 그녀들 입장에서는 마법약의 효능을 환각으로 판단할 근거도 없었다. 마법약에 대한 이런 멋진 비밀(아마 멋진 비밀로 여겨졌을 것이다.)이 다른 여성에게 전파되는 것도 어렵지 않았을 것이다. 당시 대부분 여성들의 삶은 고단했다. 일은 끝이 없었고 질병과 가난이 언제나 도처에 널려 있었고 여성이 자신의 운명을 통제한다는 이야기는 들어 본 적도 없었다. 하늘을 날아 오르는 느낌으로 여성들끼리의 모임에 참석해 자신이 느끼는 성적 환상을 연출해 보이는 몇 시간의 자유를 누리고 다음날 아침 자신들의 침대에서 아무 탈 없이 무사히 깨어나는 것은 그녀들에게 엄청난 유혹이었을 것이다. 하지만 유감스럽게도 마녀 사냥에 희생당한 여성들은 환상적인 자정의 모험을 자백하고 화형에 처해졌으니 아트로핀과 스코폴라민 분자가 만들어 준 현실로부터의 일시적인 도피는 치명적인 결말로 귀결된 셈이다.

기록에 따르면 마법약에 들어간 식물로는 맨드레이크, 벨라도나, 헨베인 외에도 폭스글로브, 파슬리, 투구꽃류, 헴록, 독말풀류 등이 있다. 투구꽃류와 헴록에는 유독성 알칼로이드류가 함유되어 있고 폭스글로브에는 유독성 배당체류가 함유되어 있고 파슬리에는 환각성 물질인 미리스티신(myristicin)이 들어 있고 독말풀류에는 아트로핀과 스코폴라민이 들어 있다. 독말풀류는 독말풀(*Datura*, 다투라) 속 식물을 일컫는 것으로 데블스 애플(devil's apple), 에인절스 트럼펫(angel's trumpet), 스팅크위드(stinkweed), 흰독말풀(jimsonweed) 등이 있다.

유럽에서는 알칼로이드를 원하는 마녀들에 의해 독말풀속 식물이 이용되었고 아시아와 아메리카에서는 입문 의례를 비롯한 여러 의식에 독말풀속 식물이 사용되었다. 독말풀속 식물은 오늘날 전 세계 온대 지역에 널리 분포되어 있다.

독말풀속 식물과 관련된 아시아, 아메리카의 민속을 보면 환각상태에서 수간을 하는 모습을 볼 수 있는데 이는 유럽의 마녀와 매우 일치하는 모습이다. 아시아와 아프리카 일부 지역에서는 독말풀 속 식물의 씨앗을 담배에 섞어서 피운다. 폐를 통해 혈관으로 알칼로이드를 흡수하는 것은 매우 빠르게 '뿅' 갈 수 있는 방법이다. 16세기에는 유럽의 애연가들도 이 사실을 알았다. 자극 탐닉자들이 환각을 맛보기 위해 독말풀속 식물의 꽃, 잎, 씨앗을 이용하는 아트로핀 중독 사레는 오늘날에도 보고되고 있다.

콜럼버스의 항해 이후 수많은 가짓과 식물들이 유럽으로 들어왔다. 알칼로이드를 함유한 담배(*Nicotiana*)와 후추(*Capsicum*)는 유럽에 바로 수용되었지만 토마토, 감자 같은 식물은 처음에는 의심의 눈초리를 받았다.

원산지가 남아메리카인 코카나무(*Erythroxylon*)의 몇몇 종들의 잎에는 아트로핀과 화학적으로 유사한 알칼로이드류가 발견된다. 코카나무는 가짓과 식물이 아니다. 관련 화학 물질이 관련 종에서 발견되는 일반적인 사례에 비추어 보면 매우 특이한 경우이다. 이는 식물들이 과거, 형태학적으로 분류되었기 때문이다. 오늘날의 생물 분류 개정 작업은 화학 성분과 DNA를 참작해서 이루어지고 있다.

코카인

아트로핀

코카나무의 잎에 들어 있는 주요 알칼로이드는 코카인(cocaine)이다. 코카나무의 잎은 페루, 에콰도르, 볼리비아 등의 산악 지방에서 수백 년 동안 각성제로 사용되었다. 석회 반죽과 코카나무의 잎을 섞어 잇몸과 뺨 사이에 끼워 넣으면 알칼로이드류가 천천히 스며 나와 피로, 배고픔, 갈증이 해소된다. 이런 식으로 이 지역 주민들이 섭취한 코카인의 양은 하루 0.5그램 미만으로 추정되며 이는 중독될 정도의 양은 아니다. 코카나무에 함유된 알칼로이드의 전통적인 용도는 오늘날 커피와 홍차에 들어 있는 알칼로이드(카페인)의 용도와 비슷하다. 하지만 코카나뭇잎의 알칼로이드를 추출해서 정제한 경우(코카인)라면 이야기가 달라진다.

1880년대, 코카인이 처음 분리되었을 때, 코카인은 기적의 약으로 여겨졌다. 코카인은 국부 마취에 놀라운 효과를 보였다. 심리학자 지그문트 프로이트는 코카인을 만병 통치약으로 여기고 각성 효과가 필요한 경우 코카인을 처방했다. 프로이트는 모르핀 중독에도 코카인을 처방했다. 하지만 코카인도 다른 물질 못지않게 중독성이 매우 강하다는 사실이 곧 알려졌다. 코카인 복용자는 금방 극도의 행복감에 도취되었다가 그에 비례해 극도의 우울증에 빠지게 되어 또 도취감을 갈망하게 된다. 코카인 복용이 개인 건강과 현대 사회에 미치는 파괴적인 영향은 잘 알려져 있다. 반면 코카인의 화학 구조를 기반으로 국부 마취제 같은 매우 유용한 분자들도 많이 만들어졌다. 벤조카인(benzocaine), 노보카인(novocaine), 리도카인(lidocaine) 등은 신경 자극을 막음으로써 진통을 없애는 코카인의 작용을 흉내 낸 화합물이다. 더욱이 이 화합물들은 코카인처럼 신경계를 흥분시키거나 심장 박동에 장애를 일으키는 일이 없다. 우리 중에도 많은 사람들이 치과나 병원 응급실에서 이 화합물들의 (고마운) 마취 효과를 경험하고 있다.

프랑스 혁명의 광기를 부른 맥각 중독

지금까지 이야기한 알칼로이드류와 매우 다른 구조를 지닌 또 한 무리의 알칼로이드류가 있다. 간접적인 이유이기는 하지만 이 알칼로이드 때문에도 유럽에서 수많은 마녀들이 화형을 당했다. 그렇다고 이 알칼로이드류가 환각을 유발하는 마법약에 사용된 것은 아니었고, 이 알칼로이드류가 미친 극도의 파괴력에 끔찍한 고통을 겪은 지역 사회의 주민들이 마녀가 건 악마의 주문 때문에 그런 재앙이 왔다고 여긴 것이었다. 이 알칼로이드류는 맥각 곰팡이, 즉 맥각균(ergot fungus, _Claviceps purpurea_)에서 발견되는 알칼로이드류이다(따라서 맥각 알칼로이드류라 불린다.). 맥각균은 다양한 곡물에 생기는데 특히 호밀에 잘 생긴다. 꽤 최근까지만 해도 맥각 중독(ergotism)은 세균과 바이러스 다음으로 사람들이 많이 사망하는 원인이었다(미생물로 인한 사망 중에서). 맥각 알칼로이드 중에서 에르고타민(ergotamine, 심한 편두통 치료제)이라는 알칼로이드는 혈관을 수축시키고 에르고노빈(ergonovine, 산후 출혈 치료제)이라는 알칼로이드는 사람이나 가축의 자연 유산을 유도하고 나머지 알칼로이드류는 신경 장애를 일으킨다. 맥각 중독의 증상은 맥각 알칼로이드류의 양과 조성에 따라 달라지지만 일반적으로 경기, 발작, 설사, 무기력, 조병, 환각, 사지의 뒤틀림, 구토, 경련,

피부에 뭔가가 기어 다니는 느낌, 손발의 무감각, 극도로 고통스러운 온몸이 타는 느낌 등이 있다. 특히 온몸이 타는 느낌은 나빠진 혈액 순환으로 괴저가 생기면서 비롯된 것이다. 중세 시대에 괴저는 성스러운 불(holy fire), 성 안토니의 불(Saint Anthony's fire), 신비스러운 불(occult fire), 성 비투스의 춤(Saint Vitus' dance) 같은 여러 가지 이름으로 불렸다. 괴저를 지칭하는 이름에 불이 언급된 이유는 타는 듯한 무시무시한 고통 때문이기도 했고, 괴저가 진행되면서 팔다리가 검게 변하기 때문이기도 했다. 괴저에 걸리면 팔다리와 생식기를 절단하는 일이 흔했다. 사람들은 성 안토니가 불, 감염, 간질 등을 다스리는 특별한 힘을 갖고 있다고 생각해서 성 안토니에게 맥각 중독에서 벗어날 수 있게 해달라고 구원을 빌었다. 성 비투스의 춤에서 '춤'은 신경에 미치는 맥각 알칼로이드의 영향으로 신체가 경련이나 경기로 비틀리는 현상을 의미했다.

시골이나 도시에 거주하는 사람들이 맥각 중독에 걸리는 과정은 쉽게 유추할 수 있다. 추수 바로 전 우기에는 호밀에 곰팡이가 많이 생긴다. 곡물이 보관된 창고의 습기 찬 환경도 곰팡이의 생장을 촉진시킨다. 맥각 중독은 밀가루에 아주 소량의 맥각만 있어도 일어난다. 맥각 중독의 끔찍한 증상을 보이는 환자의 숫자가 늘어 감에 따라 사람들은 옆 마을은 아무렇지도 않은데 왜 자기네 마을만 이런 재난을 당하는지 의아해하기 시작했을 것이고 자연스럽게 자기네 마을이 귀신들렸다는 생각을 하게 되었을 것이다. 수많은 자연 재해가 일어날 때마다 대개 그 책임은 그 마을에서 나이 든 죄 없는 여성(더 이상 출산 능력도 없고 돌봐주는 가족도 없는)에게 전가되어 그녀들의 목숨을 빼앗곤 했다. 이런 여성들은 대개 마을 변두리에 살았고 아마도 약초술사로서 약초에 대한 전문 기술로 연명했을 것이고 마을의 방앗간에서 밀가루 살 돈도 없었을 것이다. 오히려 이런 생활고 덕분에 그녀는 맥각 중독에 걸릴 일이 없었을 것이며 맥각 중독에 걸리지 않은 유일한 사람이라는 이유로 마녀라는 혐의를 벗기가 더 어려웠을 것이다.

맥각 중독은 알려진 지 오래되었다. 기원전 600년, 아시리아 인들이 "곡물의 이삭에서 유독성의 작은 혹"을 보았다는 기록을 남긴 것으로 보아 이미 그 당시 맥각 중독의 원인을 알고 있었던 것 같다. 기원전 400년경, 페르시아에서도 "유독성 풀들"에서 나온 맥각 알칼로이드류 때문에 가축이 유산되었다는 기록이 있다. 중세 유럽에서는 곡식에 핀 곰팡이가 맥각의 원인이라는 사실을 잊고 있었던 것 같다 (그 전에는 알고 있었다 하더라도). 습기 찬 겨울과 부적절한 보관으로 곰팡이가 번성했을 것이고 기근에 직면하자 사람들은 곰팡이가 핀 곡식을 버리기보다는 음식으로 만들어 먹었을 것이다.

기록에 따르면 유럽에서 맥각 중독이 처음 발생한 것은 857년, 독일의 라인 계곡이다. 994년, 프랑스에서 4만 명이 사망했다는 기록이 있는데 맥각 중독으로 인한 것으로 보인다. 1129년에도 프랑스는 맥각 중독으로 보이는 재해로 1만 2000명이 사망했다. 이후 맥각 중독은 매 세기마다 주기적으로 발생해서 20세기까지 지속되었다. 1926~1927년, 러시아의 우랄 산맥 근처 지역에서 1만 1000명 이상이 맥각 중독에 걸렸다. 1927년, 영국에서는 200명의 맥각 중독 환자가 보고되었다. 1951년, 프랑스의 프로방스에서는 맥각에 감염된 호밀을 빻은 가루가 제빵업자에게 유통되어 4명이 죽고 수백 명이 맥각 중독에 걸렸다(농부, 제분업자, 제빵업자 모두 맥각 중독을 인지하고 있었을 텐데도 말이다.).

맥각 알칼로이드가 역사상 큰 영향을 미친 사건은 적어도 네 가지가 된다. 기원전 1세기, 골(Gaul) 전투에서 율리우스 카이사르의 군대는 맥각 중독으로 엄청난 고통을 겪는 바람에 군대의 사기가 크게 저하되어 (아마도) 로마 제국의 영토를 확장하려던 카이사르의 야망은 꺾이고 말았다. 1722년 여름, 표트르 대제의 군대가 카스피 해로 흘러 들어가는 볼가 강 어귀, 아스트라한에 진을 치고 있었다. 그런데 표트르 대제의 군사와 말 모두 맥각에 감염된 호밀을 먹고 맥각 중독에 걸려 (추정컨대) 2만 명이 사망하는 바람에 군대는 전투력을 잃었고 터키를 정복하려던 표트르 대제의 계획은 무산되고 말았다. 결국 흑해 연안 남쪽 항구를 얻으려던 러시아의 목표는 맥각 알칼로이드 때문에 중단된 셈이다.

1789년 7월, 프랑스에서 수천 명의 농부들이 부유한 지주에 봉기를 들었다. 대공포(La Grande Peur, 프랑스 혁명 초기의 막연하지만 매우 광범위하게 퍼져 있던 공포 분위기─옮긴이)로 명명된 이 사건의 배후에 프랑스 혁명과 관계된 시민 사회의 불안 외에도 다른 원인이 있었음을 보여주는 증거가 있다. 당시 기록을 보면 폭동의 원인을 한 바탕 일어난 농민의 광기로 보고 있으며 농민이 광기를 일으킨 이유로 "썩은 밀가루(bad flour)"를 언급하고 있다. 1789년 봄과 여름, 북부 프랑스는 비정상적으로 습도와 기온이 높았다(맥각 곰팡이가 자라기에 최적의 조건이었다.). 맥각 중독은 먹을 게 없어 곰팡이 핀 빵이라도 먹을 수밖에 없었던 가난한 사람들 사이에서 훨씬 더 많이 발생했다. 맥각 중독이야말

로 프랑스 혁명의 진짜 원인이 아니었을까? 맥각 중독에 대한 기록은
또 있다. 1812년 가을, 러시아 평원을 가로질러 행군하던 나폴레옹의
군대에서도 맥각 중독이 유행했다. 아마도 맥각 알칼로이드는 군복
단추의 주석과 함께 나폴레옹의 군대가 모스크바에서 퇴각하며 몰락
할 수밖에 없었던 원인을 제공한 것 같다.

　많은 전문가들은 1692년 매사추세츠 주 살렘에서 약 250명(주로 여
성)이 귀신 들렸다는 이유로 고소된 사건의 원이 궁극적으로 맥각 중
독이라는 결론을 내렸다. 실제로 맥각 알칼로이드가 개입되었다는
증거가 있다. 17세기 후반, 이 지역에서는 호밀을 재배했다. 기록을
보면 1691년 봄과 여름은 더웠으며 비가 많이 왔고 더군다나 살렘 마
을은 늪이 많은 목초지 가까이에 위치했다. 이런 사실들은 호밀에 맥
각균이 만연했을 가능성을 시사하고 있다. 이 지역 환자들의 증상은
맥각 중독 증상, 특히 경련성 맥각 중독 증상과 일치했다(설사, 구토, 경
기, 환각, 발작, 헛소리, 사지의 기괴한 뒤틀림, 따끔거리는 느낌, 급격한 감각 장애).

　살렘 마을의 마녀 사냥이 시작된 것은 적어도 처음에는 맥각 중독
때문인 것 같다. 귀신 들렸다고 고발된 30명의 희생자 거의 대부분은
맥각 중독된 소녀이거나 젊은 여성이었다(젊은 사람들은 맥각 알칼로이드
의 영향을 더 많이 받는 것으로 알려져 있다.). 그러나 이후의 마녀 재판이나
증가 일로에 있는 마녀 고발 사건을 보면 대개 타지 사람을 대상으로
한 것이어서 사건의 원인은 집단 히스테리나 단순하고 명백한 원한
쪽으로 무게가 더 실린다.

　맥각 중독 증상은 스위치처럼 켜졌다 꺼졌다 할 수 없다. 마녀로 고
소된 피고가 법정에 나타나면 환자들은 발작 증상을 보였는데 이는

맥각 중독 증상과 일치하는 것이 아니다. 소위 환자라는 사람들은 대중으로부터 주목받는 걸 즐기면서 자기네들이 휘두를 수 있는 권력을 인식하고 자기들이 아는 이웃이나 거의 알지도 못하는 타지 사람들을 고발했을 것이 확실하다. 살렘 마을 마녀 사냥의 진짜 희생자(교수형을 당한 19명과 바위 더미로 압사당한 1명과 고문받고 투옥된 사람들과 멸족당한 집안들)들의 고통은 추적하면 맥각 분자 때문이었다는 것을 알 수 있을 것이다. 하지만 인기와 권력에 영합했던 나머지 사람들의 나약했던 모습은 끝까지 책임을 물어야 할 것이다.

코카인처럼 맥각 알칼로이드도 독성이 있고 위험하지만 약으로 사용된 오랜 역사를 갖고 있다. 또한 맥각 알칼로이드 유도체들은 지금도 약으로 사용되고 있다. 오래전부터 약초술사와 산파와 의사는 맥각 추출물을 사용해서 출산을 촉진하거나 유산을 시켰다. 오늘날에는 혈관 수축제(편두통 및 산후 출혈 치료)나 출산 시 자궁 수축제로 맥각 알칼로이드를 사용하거나 맥각 알칼로이드를 화학적으로 변형한 것을 사용한다.

맥각 알칼로이드는 모두 동일한 화학적 특징을 갖고 있다. 즉 맥각 알칼로이드는 모두 리세르그산(lysergic acid)이라는 분자의 유도체들이다. 리세르그산의 OH기(다음 그림에서 화살표로 표시)는 더 큰 곁기로 치환되어 에르고타민이나 에르고노빈 같은 분자가 된다. 리세르그산은 에르고타민과 에르고노빈의 구조식에서 동그라미로 표시되어 있는 부분이다.

1938년, 바젤에 위치한 스위스 제약 회사 산도즈(Sandoz)의 연구실에 근무하던 화학자 알베르트 호프만은 새로운 유도체를 만들어 냈

리세르그산

에르고타민

에르고노빈

다. 호프만은 이미 리세르그산의 합성 유도체들을 많이 만든 바 있었
고 이들 가운데 일부는 유용하다는 사실도 밝혀진 터였다. 호프만이
새로 만든 유도체는 스물다섯 번째 유도체였기 때문에 리세르그산다
이에틸아마이드(lysergic acid diethylamide, LSD-25)라고 이름 지었고 이

것이 바로 오늘날 우리가 LSD라고 부르는 물질이다. 당시 그는 LSD가 지닌 놀랄만한 특성을 눈치 채지 못했다.

리세르그산다이에틸아마이드(LSD-25). 오늘날 LSD로 알려진 물질이다. 동그라미 친 부분이 리세르그산이다.

1943년, 호프만은 이 유도체를 다시 제조하게 되었는데, 그는 훗날 (1960년대) 환각 체험(acid trip)으로 불리는 경험을 본의 아니게 최초로 한 사람이 되었다. LSD는 피부로 흡수되지 않는다. 아마 호프만은 LSD를 손가락으로 찍어 입으로 가져간 것 같다. LSD는 아주 극소량만 섭취해도 호프만 말대로 "멈추지 않는 환상적인 그림들의 흐름, 특히 강렬한 색상의 주마등이 돌아가는 느낌"을 일으킨다.

호프만은 이 물질이 환각을 불러일으킬 것이라는 자신의 가정을 검증하기 위해 LSD를 조심스럽게 먹어 보기로 결심했다. 보통 에르고타민 같은 리세르그산 유도체들의 적정 처방량은 몇 밀리그램 수준이다. 호프만은 나름대로 주의한다고 하면서 LSD 0.25밀리그램을 삼켰다. 이 양은 환각 효과를 경험하기 위해 필요한 양(오늘날 알려진)의 적어도 5배는 되는 양이다. LSD는 자연계에 존재하는 메스칼린 (mescaline)보다 1000배 정도 강력한 환각제이다. 메스칼린은 텍사스 주와 북부 멕시코의 페요테(peyote) 선인장에서 발견되는 것으로 수 세기 동안 아메리카 원주민들이 종교 의식에 사용한 환각제이다.

갑자기 어지러움을 느낀 호프만은 자전거를 타고 바젤의 대로를 지나 집에 도착할 동안 조교에게 동행해 줄 것을 부탁했다. 이후 몇 시 간 동안 호프만은 훗날 LSD 사용자들이 환각 체험이라고 느끼게 되 는 온갖 종류의 체험을 겪었다. 호프만은 환각을 경험하고, 망상에 젖 고, 반복적으로 심하게 들뜬 기분과 무기력감을 느끼고, 일관성 없이 중얼거리고, 질식하지 않을까 두려워하고, 영혼이 육체와 분리되는 느낌이 들고, 음성이 시각적으로 느껴지는 경험을 했다. 어느 순간 호 프만은 자신이 영구히 뇌 손상을 입었을지도 모른다는 생각까지 들었 다. 호프만의 증상은 서서히 진정되었다(시각적인 장애는 한동안 지속되었 지만). 이런 경험 후, 다음날 아침 호프만이 눈을 떠 보니 완전히 정상 적인 기분으로 돌아왔고 어제 무슨 일이 있었는지 다 기억할 수 있었 으며 부작용은 전혀 없어 보였다.

1947년, 산도즈 사는 심리 요법 치료제, 특히 알코올 중독자의 정 신 분열증 치료제로 LSD를 판매하기 시작했다. 1960년대, LSD는 전 세계 젊은이들이 애용하는 약이 되었다. 특히 심리학자이자 한때 하 버드 대학교 성격 연구소 연구원이었던 티모시 리어리는 LSD를 21세 기의 종교로서, 또한 영적이고 창조적인 충만감에 이르는 도구로서 그 사용을 장려했다. 수많은 사람들이 그의 조언을 받아들여 "LSD를 복용하고 환각을 경험하고 일상 생활에서 탈출했다."20세기, 이 알칼로이드의 복용으로 경험한 일상 생활에서의 탈출은 수백 년 전 마녀로 지목된 여성들이 경험했던 일상 생활에서의 탈출과 과연 무슨 차이가 있을까? 비록 수세기라는 시간차가 있지만 환각 체험은 예나 지금이나 부정적인 결과를 초래했다. 1960년대 알칼로이드 유도체인 LSD를 복용한 히피 젊은이들의 일부는 LSD 사용 중지 후에도 환각을 경험하는 플래시백을 겪거나 영구적인 정신 이상을 겪었고 극단적인 경우 자살을 택했다. 수세기 전 마법약를 발라 알칼로이드(아트로핀과 스코폴라민)를 섭취했던 유럽의 마녀들은 화형대에 올랐다.

아트로핀과 맥각 알칼로이드가 마법을 일으킨 것은 아니었지만 그 약효는 아무 죄 없는 수많은 여성들(대개 가장 가난하고 사회적으로 가장 공격받기 쉬운)이 마녀로 몰리는 빌미를 제공했다. 마녀를 고발한 사람들은 마녀에 대해 이렇게 주장했을 것이다. "그녀는 마녀가 틀림없어요. 자기가 날 수 있다고 했어요." 또는 "그녀는 유죄가 확실해요. 그녀 때문에 온 마을이 귀신 들렸어요." 4세기 동안 여성들을 마녀로 몰아 처형하던 서구 사회의 관습은 법으로 화형을 중지시켜도 즉시 바뀌지 않았다. 이 알칼로이드 분자들이 여성에 대한 선입관(과거로부터 면면히 이어져 온 이 선입관은 아직도 우리 사회 곳곳에 스며들어 있다.)을 형성하는데 기여한 것은 아닐까?

중세 유럽에서 마녀로 처형된 여성들이 보관했던 약초에 대한 중요한 지식은 지금도 전해 내려오고 있다(유럽 이외의 지역에서 그랬던 것처럼). 이런 지식이 민간에 전승되지 않았다면 오늘날의 다양한 의약품들은 탄생하지 못했을지도 모른다. 오늘날 식물 세계가 갖고 있는 약효의 가치를 제대로 볼 줄 아는 사람을 마녀로 처형하는 일은 더 이상 없지만 그 대신 우리는 식물들을 멸종시키고 있다. 전 세계 열대 우림의 지속적인 파괴(매년 200억 평방미터로 추정) 때문에 우리는 수많은 병을 더 효과적으로 치료할 수 있는 새로운 알칼로이드를 발견할 수 있는 기회를 박탈당하고 있는지도 모른다.

우리는 시시각각 멸종 위기로 치닫고 있는 열대 우림 속의 물질이 항암 특성이 있거나 HIV(AIDS 바이러스)에 효과가 있거나 정신 분열증, 알츠하이머 병, 파킨슨 병 치료에 기적의 약이 될 수도 있다는 사실을 영영 모르게 될 수도 있다. 화학적 견지에서 예로부터 전승된 민간의 약초 지식은 인류가 미래에도 생존할 수 있도록 하는 열쇠가 될 것이다.

죽음보다 달콤한 유혹,
모르핀, 니코틴, 카페인

중주 신경계를 자극하는 물질을 원하는 인간의 성향을 감안하면 인류가 세 가지 알칼로이드 분자(양귀비의 모르핀, 담배의 니코틴, 차·커피·코코아의 카페인)를 수천 년 동안 추구하고 소중히 여긴 것은 당연한 일일 것이다. 하지만 인류가 이 분자들로 인해 누릴 수 있었던 혜택에는 반대급부로 위험도 수반되었다. 이 분자들은 중독성에도 불구하고, 아니 어쩌면 중독성 때문에 수많은 사회에 다양한 방식으로 영향을 끼쳤다. 이 세 분자들은 역사상의 한 시점에 예기치 않게 한꺼번에 등장했다.

세 가지 분자가 일으킨 전쟁

양귀비(*Papaver somniferum*)는 오늘날 주로 황금의 삼각 지대(Golden Triangle)에서 재배되고 있지만 원래 지중해 동부 지역이 원산지다. 황금의 삼각 지대란 미얀마, 라오스, 태국의 국경 지역을 일컫는 말이다. 양귀비 열매는 선사 시대부터 채집되고 그 가치를 인정받았을지도 모르겠다. 5000년 전에 유프라테스 강 유역의 삼각주(최초의 인류 문명이 발생한 곳으로 여겨지는 곳)에서 살던 이들이 아편(opium)의 특성을 알고 있었음을 암시하는 증거가 있다. 키프로스에서는 적어도 3000년 전에 아편을 사용했음을 암시하는 고고학적 증거들이 발굴되었다. 아편은 그리스 문명, 페니키아 문명, 미노스 문명, 이집트 문명, 바빌로니아 문명을 비롯한 고대 문명에서 약초나 치료제로 사용되었다. 기원전 330년경, 알렉산드로스가 아편을 페르시아와 인도로 가져온 것으로 추정되고 여기서 아편 재배가 서서히 동쪽으로 전파되어 7세기경에는 중국에 이르렀다.

오랫동안 아편은 약초로만 사용되었다. 사람들은 물로 우려내 마시거나 환약으로 만들어 먹었다. 18세기와 (특히) 19세기, 유럽과 미국의 예술가, 작가, 시인들은 몽롱한 의식 상태에 도달하기 위해 아편을 복용했다. 당시 몽롱한 의식 상태는 창조성을 높이는 것으로 여겨졌다. 아편은 알코올보다 값이 저렴해서 가난한 사람들도 알코올 대용으로 아편을 사용했다. 당시 아편의 중독성은 (설사 알고 있었다 할지라도) 전혀 문제되지 않았다. 아편이 워낙 널리 사용되다 보니 갓난아기와 겨우 이가 나기 시작하는 유아들에게도 아편을 먹였는데 아편은

OPIUM WAR

CACAO

BOSTON TEA PARTY

CATHERINE DE'MEDICI

아기들이 보챌 때 달래는 시럽이나 주스로 광고되었으며, 여기에는 무려 10퍼센트나 되는 모르핀이 함유되어 있었다. 여성들에게 흔히 권장되었던 로더넘(laudanum)은 아편을 알코올에 녹인 용액이다. 로더넘도 처방전 없이 아무 약국에서나 구입할 수 있었다. 로더넘은 사회적으로 용인되었던 아편의 한 형태로서, 20세기 초가 되어서야 법으로 금지되었다.

아편은 중국에서 수백 년 동안 훌륭한 약초로 평가받아 왔다. 그런데 새로운 알칼로이드를 함유한 식물, 즉 담배가 중국에 소개되면서 중국 사회에서 아편의 역할이 바뀌기 시작했다. 콜럼버스 이전만 해도 유럽은 흡연을 몰랐다. 1496년, 자신의 두 번째 항해에서 신대륙 원주민들이 담배 피우는 것을 본 콜럼버스가 담배를 갖고 돌아오면서 흡연이 비로소 유럽에 알려졌다. 아시아와 중동 지역의 수많은 국가들이 담배의 소지나 수입을 엄격하게 처벌했음에도 불구하고 흡연은 빠르게 퍼져나갔다. 17세기 중반, 중국의 명 왕조는 담배 흡연을 금지했다. 기록에서 볼 수 있듯이 중국인들은 이때부터 금지된 담배 대용으로 아편을 피우기 시작한 것 같다. 어떤 역사학자들은 중국 상인들이 아편과 담배를 섞을 생각을 하게 된 것은 포르모사(지금의 타이완)와 아모이(동중국해 연안에 있는 섬)의 작은 교역장을 드나들던 포르투갈 인들 때문이라고 한다.

폐로 흡입된 연기를 통해 혈류로 바로 흡수되는 알칼로이드(예를 들면 모르핀과 니코틴)의 효과는 엄청나게 빠르고 강렬하다. 아편을 이런 방식으로 흡수하면 바로 아편 중독이 된다. 18세기 초, 아편 흡연은 중국 전역에 만연되었다. 1727년, 중국의 황제는 중국 내 아편의 수

입과 판매를 금지하는 칙령을 발표했지만 너무 늦었던 것 같다. 이미 아편 흡연 문화와 방대한 아편 유통 판매망이 형성되어 있었던 것이다.

이 장의 세 번째 알칼로이드, 카페인 이야기를 해 보자. 유럽의 무역업자들은 중국과의 교역이 늘 그다지 만족스럽지 못했다. 네덜란드, 영국, 프랑스를 비롯한 유럽 여러 무역 국가들이 팔고 싶어 한 상품 가운데 중국이 서양으로부터 사고 싶어 한 상품은 거의 없었다. 반면 유럽은 중국 상품, 특히 차에 대한 수요가 있었다. 차에 들어 있는 약한 중독성의 알칼로이드 분자, 카페인은 아마도 말린 찻잎(고대부터 중국에서 재배된 것이다.)에 대한 서양의 게걸스러운 탐욕에 기름을 부은 것 같다.

중국인들은 기꺼이 차를 팔 준비가 되어 있었다. 하지만 중국인들은 차의 대가로 은화나 은을 받기를 원했다. 영국인들의 입장에서 귀한 은을 주고 차를 산다는 것은 자신들의 무역 관행상 없던 일이었다. 얼마 가지 않아 중국인들이 원하지만 갖지 못한 한 가지 상품(불법이었지만)이 분명하게 드러났다. 영국은 아편 사업에 뛰어들었다. 영국 동인도 회사가 벵골 지역을 비롯한 영국령 인도 곳곳에서 재배한 아편은 민간 무역업자들에게 팔렸다. 이것은 다시 중국 수입업자에게 재판매되었다(뇌물을 받은 중국 관리의 비호 아래). 1839년, 중국 정부는 성행하고 있는 불법적인 아편 수입을 막으려고 애를 썼다. 중국 정부는 광둥 항의 창고에 쌓여 있는 아편과 광둥 항에 아편을 하적하려고 정박 중인 영국 상선에 쌓여 있던 아편(중국인에게 팔 1년치 아편)을 모두 압수해서 폐기 처분했다. 이로부터 불과 며칠 뒤, 술 취한 한 무리의 영국 선원들이 중국 농부를 살해한 혐의로 고소되었고 영국은 이것을 빌미로 중국에 전쟁을 선포했다. 제1차 아편 전쟁(1839~1842년)에서 승리한 영국은 양국 간의 무역 균형을 깨뜨렸다. 영국은 중국에게 엄청난 액수의 배상금을 물게 했고 항구 5개를 영국에 개방하도록 했으며 홍콩을 영국의 직할 식민지로 양도받았다.

약 20년 뒤, 다시 터진 제2차 아편 전쟁(1856~1860년. 이번에는 영국 외에도 프랑스까지 참전했다.)에서 중국이 또 패배하자 유럽 인들은 중국을 쥐어짜 더 많은 이권을 챙겼다. 더 많은 항구들이 개방되었고 유럽 인들은 거주와 여행의 권리를 부여받았으며 기독교 선교사들이 이동의 자유를 얻었고 궁극적으로 아편 무역이 합법화되었다. 수세기 동안 지속되던 중국의 쇄국 정책이 아편, 담배, 카페인으로 인해 해체되었다. 중국은 격변과 변혁의 시대로 돌입하게 되었고 1911년 신해 혁명에서 그 정점을 이루게 된다.

모르핀과 양귀비

아편은 24가지의 알칼로이드를 함유하고 있다. 이중에서 가장 풍부한 것은 생아편(crude opium) 추출물의 10퍼센트를 구성하고 있는 모르핀이다. 생아편 추출물은 양귀비의 삭과에서 나오는 유액을 건조시켜 끈적끈적하게 만든 것이다. 1803년, 양귀비 유액에서 독일인 약제사 프리드리히 제르튀르너는 최초의 순수 모르핀을 분리해 냈다. 제르튀르너는 이 화합물의 이름을 그리스 · 로마 신화에 나오는 잠의 신 모르페우스(Morpheus)의 이름을 따 모르핀(morphine)이라고 이름 지었다. 모르핀은 마약이다. 즉 감각을 마비시키고 (따라서 진통을 제거하고) 잠들게 만드는 분자이다.

　제르튀르너의 모르핀 발견 이후 화학자들의 집중적인 연구가 이루어졌지만, 모르핀의 화학 구조는 1925년이 되어서야 비로소 결정되었다. 모르핀의 화학 구조를 밝히는 데 122년이나 걸렸다고 해서 생산성이 없는 것으로 봐서는 안 된다. 오히려 대부분의 유기 화학자들은 모르핀 화학 구조의 해독 작업을 모르핀의 진통 효과(우리가 잘 알고 있는)와 동등하게 인류에게 유용한 것으로 보고 있다. 마라톤 같은 모르핀의 화학 퍼즐을 푸는 과정에서 화학 구조를 확정하는 고전적인 방법, 새로운 실험 절차, 탄소 화합물들의 3차원적인 특성 이해, 새로운 합성 기술 등이 이루어졌다. 또한 모르핀 이외의 중요한 화합물들의 구조도 모르핀의 분자 구조 연구 결과에서 연역적으로 추론되었다.

모르핀의 구조식.
진한 선으로 표시된 쐐기 모양의 결합은 이 면(page) 밖으로 튀어나온 것이다.

지금도 모르핀과 모르핀 관련 화합물은 가장 강력한 진통제로 알려져 있다. 유감스럽게도 모르핀의 진통 효과는 중독성과 연관이 있는 것 같다. 아편에는 모르핀과 분자 구조가 유사한 코데인(codeine)도 존재하는데 코데인은 모르핀보다 양도 훨씬 더 적고(약 0.3~0.2퍼센트) 중독성도 덜하고 그만큼 진통 효과도 약하다. 두 분자의 구조는 매우 유사해서 유일한 차이점은 코데인이 HO 대신 CH_3O를 갖고 있다는 것뿐이다(아래 구조식에서 화살표로 표시된 부분).

코데인   모르핀

코데인의 구조식. 코데인과 모르핀 사이의 유일한 차이점이 화살표로 표시되어 있다.

모르핀의 분자 구조가 완전히 밝혀지기 훨씬 이전에 중독성 없는 더 좋은 진통제를 만들겠다는 희망으로 모르핀을 화학적으로 수정하려는 시도가 있었다. 1898년, 독일 바이엘 사 연구실에서 화학자들은 아실화 반응(살리실산을 아스피린으로 바꾼 반응)을 모르핀에도 적용했다. 바이엘 사는 5년 전인 1893년, 펠릭스 호프만이 아세틸살리실산으로 자신의 아버지를 치료했던 바로 그 회사이기도 하다. 아스피린은 뛰어난 진통제였고 살리실산보다 독성이 훨씬 적음이 밝혀졌기 때문에

아실화 반응으로 모르핀을 바꿔 보려는 화학자들의 추론은 논리적인 것이었다.

모르핀   다이아세틸모르핀

모르핀의 다이아세틸 유도체. 두 화살표는 각각 모르핀의 HO기의 H를 대체한 곳을 가리키고 있다. 다이아세틸모르핀의 상표명이 헤로인이다.

그러나 모르핀에 있는 2개의 OH기의 H를 CH_3CO로 치환해서 만든 물질은 전혀 새로운 물질이었다. 처음에 이 물질(다이아세틸모르핀)은 전도유망한 물질이었다. 다이아세틸모르핀(diacetylmorphine)은 모르핀보다 훨씬 더 강력한 진통 효과를 나타냈다. 약효가 너무 강해 극소량만 처방해도 될 정도였다. 하지만 다이아세틸모르핀의 효능 뒤에는 큰 문제점이 숨어 있었다. 이 문제점은 다이아세틸모르핀이 헤로인이라는 이름으로 상용화되었을 무렵 명백해졌다.

헤로인(Heroin, 모든 약 중의 '영웅'이란 뜻이 담겨 있다.)이라는 참신한 이름으로 시장에 나온 다이아세틸모르핀은 지금까지 알려진 물질 가운데 중독성이 가장 강한 물질 가운데 하나이다. 모르핀과 헤로인의 생리학적 효능은 동일하다. 뇌 안에서 헤로인의 다이아세틸기는 원래

의 OH기로 돌아가서 모르핀이 된다. 하지만 헤로인 분자는 모르핀 분자보다 더 쉽게 혈뇌 장벽(blood-brain barrier)을 통과해서 전달되기 때문에 마약 중독자들이 그토록 갈망하는 도취감을 더 빠르고 강렬하게 느끼게 만든다.

처음에 바이엘 사의 헤로인은 모르핀에서 흔히 볼 수 있는 부작용(메스꺼움, 변비)이 없다고 여겨졌고 따라서 중독성도 없을 거라 여겨져 기침 억제제와 두통, 천식, 기종(氣腫, emphysema) 및 폐렴 치료제로 판매되었다. 하지만 '슈퍼 아스피린(헤로인)'의 부작용이 분명해지자 바이엘 사는 소리 소문 없이 헤로인 광고를 중단했다. 1917년, 아세틸살리실산에 대한 바이엘 사의 특허권이 만료되자 다른 회사들도 아스피린을 생산하기 시작했다. 바이엘 사는 이들 회사를 상대로 상표명(아스피린)에 대한 저작권법 위반 소송을 걸었다. 그런 바이엘 사가 헤로인(다이아세틸모르핀의 상표명)에 대해서 저작권법 위반 소송을 걸지 않은 것은 당연한 일이었다.

오늘날 대부분의 나라들은 헤로인의 수입, 제조, 소유를 금지하고 있지만 헤로인의 밀매를 막지는 못하고 있다. (모르핀에서) 불법으로 헤로인을 제조하는 사람들이 골머리를 앓는 문제 가운데 하나는 아세트산 폐기 문제이다. 아실화 반응에서 나오는 부산물 가운데 하나인 아세트산은 매우 독특한 냄새, 즉 식초 냄새가 나는데 식초는 아세트산을 4퍼센트 용액으로 만든 것이다. 마약 당국자들은 불법 헤로인 제조업자를 적발하는 데 종종 아세트산 냄새를 활용한다. 특수 훈련을 받은 경찰견들은 사람의 후각으로 느낄 수 없는 미량의 식초 냄새를 추적할 수 있다.

연구에 따르면 모르핀이나 모르핀과 유사한 알칼로이드류가 진통제 효능을 나타내는 이유는 모르핀이 뇌에 전달되는 신경 신호를 간섭하기 때문이 아니라 뇌가 신경 신호를 받아들이는 방식(뇌가 신경 신호로 전달되는 통증을 인식하는 방식)을 모르핀이 선택적으로 변경하기 때문인 것 같다. 즉 뇌의 통각 수용기와 결합하기 위해서는 특정 모양의 화학 구조가 필요한데 모르핀 분자는 뇌의 통각 수용기와 결합할 수 있는 화학 구조를 지니고 있어서 통각 신호가 뇌의 통각 수용기로 전달되는 것을 가로막는 것으로 보인다.

모르핀은 엔도르핀의 작용을 흉내 낸다. 엔도르핀은 우리 뇌에서 매우 낮은 농도로 발견되는 화합물로 스트레스를 받을 경우 농도가 올라가 천연 진통제 역할을 한다. 엔도르핀은 폴리펩티드(polypeptide), 즉 2개 이상의 아미노산이 결합된 화합물이다. 이 결합은 비단의 단백질 구조를 형성한 결합과 동일한 펩티드 결합이다(1권의 여섯 번째 이야기 참조). 비단 분자는 수백 혹은 수천 개의 아미노산이 결합되어 있는 반면 엔드로핀 분자는 단 몇 개의 아미노산만이 결합되어 있다. 지금까지 분리된 엔드로핀은 두 가지인데 두 가지 모두 펜타펩디드(pentapeptide)이다. 펜타펩티드라는 말은 5개(penta)의 아미노산이 펩티드 결합을 하고 있음을 의미한다. 펜타펩티드 엔도르핀 두 가지와 모르핀은 공통된 구조적 특징, 즉 β-페닐에틸아민(β-phenylethylamine) 단위를 지니고 있다. β-페닐에틸아민은 LSD와 메스칼린, 기타 환각성 물질이 우리 뇌에 영향을 미치는 원인으로 지목되고 있는 화학 구조이다.

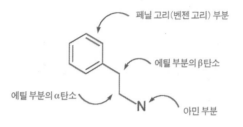

β-페닐에틸아민 단위

펜타펩티드 엔도르핀(두 가지 종류)은 모르핀과 분자 구조가 매우 다르지만 β-페닐에틸아민을 갖고 있다는 구조적 유사성 때문에 세 분자 모두 뇌의 통각 수용기와 결합하는 것으로 생각된다.

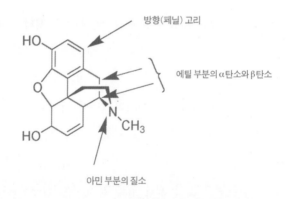

모르핀 분자의 구조식. β-페닐에틸아민 단위를 보여주고 있다.

하지만 모르핀이나 모르핀 유사 분자들은 진통 효과, 수면 유도, 중독성 같은 마약 효과를 지니고 있다는 점에서 다른 환각제들과 생물학적 작용이 다르다. 이 마약 효과는 모르핀의 분자 구조에서 발견되는 또 하나의 분자 조합 때문으로 여겨진다. 이 분자 조합을 나누어서 순서대로(왼쪽에서 오른쪽으로) 이야기해 보면 다음과 같다.

(1) 페닐 고리, 즉 방향성 고리, (2) 4개의 결합을 맺은 탄소 원자, 즉 4개의 탄소 원자와 결합을 맺은 탄소 원자, (3) CH_2–CH_2기(이 기는 (4)의 질소 원자와 결합한다.), (4) 3개의 결합을 맺은 질소 원자, 즉 3개의 탄소 원자와 결합을 맺은 질소 원자

(1) 벤젠 고리, (2) 4개의 결합을 맺은 탄소 원자(굵은 글씨),
(3) 2개의 CH_2기(굵은 글씨로 표시된 부분이 탄소), (4) 3개의 결합을 맺은 질소 원자(굵은 글씨)

위 네 가지 요건을 모르핀 규칙(morphine rule)이라고 한다. 모르핀 규칙의 네 가지 요건을 순서대로 결합하면 다음과 같은 구조가 된다.

모르핀 규칙을 만족하는 구조

모르핀 외에 코데인과 헤로인의 화학 구조에서도 모르핀 규칙을 만족하는 구조를 볼 수 있다.

모르핀의 구조식. 생물학적 작용(마약 효과)을 일으키는 모르핀 규칙을 만족하고 있다.

모르핀 분자의 이 부분(모르핀 규칙을 만족하는 구조)이 마약 효과를 일으킬지도 모른다는 발견은 우연히 이루어졌다. 과학자들은 인공 화합물 메페리딘(meperidine)을 주사한 쥐를 관찰하다가 메페리딘이 쥐의 꼬리를 특정 모양으로 뻣뻣하게 만든다는 사실을 알았다. 이것은 모르핀을 주사했을 때에도 나타나는 현상이었다.

메페리딘

메페리딘 분자는 모르핀 분자와 특별한 유사점이 없었다. 단지 공통점으로 (1) 방향성 고리, 즉 페닐 고리가 (2) 4개의 결합을 가진 탄소 원자와 결합되어 있고 (3) 이 탄소에 CH_2–CH_2기와 3개의 결합을 가진 질소 원자가 결합되어 있었다. 즉 훗날 모르핀 규칙으로 불리는 배열을 메페리딘과 모르핀이 공통으로 갖고 있었다.

방향 고리

4개의 결합을 맺은
탄소 원자

$COOC_2H_5$

3개의 결합을 맺은 질소 원자

CH_3

2개의 CH_2기

메페리딘, 즉 데메롤의 구조에서 모르핀 규칙을 만족하는 부분만 보여 주고 있다.

메페리딘을 시험한 결과 메페리딘도 진통 효과가 있다는 것이 밝혀졌다. 우리가 잘 알고 있는 데메롤(Demerol)은 메페리딘의 상표명인데 모르핀보다 진통 효과는 약하지만 메스꺼움을 덜 일으키기 때문에 흔히 모르핀 대신 사용된다. 하지만 데메롤도 여전히 중독성이 있다. 또 하나의 합성 물질 메타돈(methadone)도 헤로인과 모르핀처럼 매우 강력한 진통 효과가 있다. 하지만 아편제(헤로인과 모르핀)가 주는 졸음이나 도취감은 없다. 메타돈의 화학 구조는 모르핀 규칙의 요건과 완전히 일치하지 않는다. 메타돈은 CH_2–CH_2의 두 번째 탄소에 CH_3기가 붙어 있다. 이 작은 구조상의 차이로 인해 생물학적 작용이 달라져 메타돈이 졸음이나 도취감을 주지 않게 된 것 같다.

메타돈의 구조식. 화살표는 CH$_3$기를 가리키고 있다. CH$_3$기 때문에 메타돈이 모르핀 규칙을 벗어나게 되었지만 바로 이 점 때문에 메타돈의 생물학적 효과가 달라졌다.

물론 메타돈도 여전히 중독성이 있다. 헤로인 의존(의존(dependance)이란 중독(addiction)의 전단계로 사용자가 마약류 및 약물 사용을 중단하거나 조절하는 것이 어렵게 된 상태를 말한다——옮긴이)을 메타돈 의존으로 바꿀 수는 있다. 하지만 이 방법이 헤로인 중독 문제를 다루는 합리적인 방법인지는 여전히 논란이 되고 있다.

니코틴과 담배

아편 전쟁과 관련된 두 번째 알칼로이드, 니코틴(nicotine)에 대해 이야기해 보자. 크리스토퍼 콜럼버스가 신대륙에 발을 디뎠을 때만 해도 유럽은 니코틴을 알지 못했다. 콜럼버스는 신대륙의 원주민들이(남성과 여성을 막론하고) 콧구멍에 나뭇잎을 말아 넣고 나뭇잎에 불을 붙여 연기를 "들이마시는", 즉 흡연하는 것을 보았다. 니코티아나 (Nicotiana) 속에 속하는 여러 종의 담뱃잎을 흡연하고, 흡향(가루 담배를 코에 가까이에 대고 들이키는 것)하고, 씹는 것은 남아메리카, 멕시코, 카리브 해 연안의 원주민들 사이에 널리 보급된 관습이었다. 담배의 주된 용도는 의식용이었다. 담뱃잎을 말거나 파이프로 빨아들인 담배 연기, 또는 잿불 위에 잎을 뿌려 직접 들이마신 담배 연기는 무아지경과 환각을 일으켰다고 한다. 이것은 신대륙의 원주민들이 피운 담배 종의 활성 성분 농도가 유럽을 비롯 전 세계에 소개된 니코티아나 타

1593년경 브라질에서 만들어진 판화. 남아메리카의 흡연 관습을 보여 주는 최초의 동판이다. 이 그림은 투피 족 원주민의 축제를 묘사하고 있다. 원주민들이 긴 파이프를 이용해 담뱃잎을 피우고 있다.(사진 제공 John G. Lord Collection)

바쿰(*Nicotiana tabacum*)의 활성 성분 농도보다 훨씬 높았기 때문이었을 것이다. 콜럼버스가 목격한 담배는 마야 문명에서 사용한 니코티아나 루스티카(*Nicotiana rustica*)였음이 확실한 것 같다. 니코티아나 루스티카는 니코티아나 타바쿰보다 활성 성분 효과가 더 강력하다.

흡연이 전 유럽으로 빠르게 퍼져나가자 곧 담배 재배가 그 뒤를 이었다. 담배의 학명과 담배 속에 함유된 알칼로이드의 이름은 담배 애호가였던 포르투갈 주재 프랑스 대사 장 니코의 이름을 따서 지어졌다. 16세기 유명인사 가운데 영국의 월터 롤리 경과 프랑스 왕비 카트린느 드 메디치 같은 사람들도 담배에 열광했다.

그러나 흡연은 대중적인 지지를 받지 못했다. 로마 교황은 칙령을 발표해 교회 내의 흡연을 금지시켰고 영국 왕 제임스 1세는 1604년, "눈에 나쁘고 코에 불쾌하고 뇌에 해롭고 폐에 위험한 관습"이라며 흡연을 비난하는 글을 남겼다고 한다.

1634년, 러시아는 흡연을 법으로 금지시키고 이를 어길 경우 입술을 찢거나 매질하거나 거세시키거나 추방시켜 버리는 등 매우 가혹한 처벌을 내렸다. 이 법은 약 50년 뒤, 애연가였던 표트르 대제가 흡연을 장려하면서 폐지되었다. 캡사이신이라는 알칼로이드를 함유한 고추가 스페인과 포르투갈 선원들에 의해 세상에 알려질 때 그들이 귀국하는 길에 들른 모든 항구에는 니코틴이라는 알칼로이드를 함유한 담배도 함께 소개되었다. 17세기, 흡연은 동유럽 전역으로 널리 퍼져나갔고 고문을 포함한 가혹한 흡연 처벌 규정에도 불구하고 흡연의 인기는 막을 수 없었다. 터키, 인도, 페르시아 등지에서는 담배 중독을 막기 위한 최후 방책으로 사형을 언도했지만 오늘날 이 지역도 세계 여느 지역과 마찬가지로 흡연이 널리 보급되어 있다.

유럽에서 재배된 담배는 처음부터 공급이 수요를 따라갈 수 없었다. 신대륙에 건설된 스페인 식민지와 영국 식민지는 수출을 목적으로 곧 담배를 재배하기 시작했다. 담배 재배는 노동 집약도가 매우 높은 산업이다. 잡초를 없애고 적당한 높이로 담배줄기를 자르고 곁눈을 치고 해충을 구제하고 손으로 직접 담뱃잎을 따서 건조시켜야 한다. 담배 재배는 주로 노예들의 몫이었다. 즉 신대륙에서 노예들이 노동력을 착취당하게 된 원인 가운데 하나가 니코틴이었다(포도당, 셀룰로오스, 인디고 같은 분자들과 더불어).

담배는 10종 이상의 알칼로이드가 함유되어 있고 이 알칼로이드 가운데 니코틴의 함량이 가장 높다. 담뱃잎의 니코틴 함량은 2~8퍼센트 정도로 재배법, 기후, 토양, 건조법 등에 따라 달라진다. 니코틴은 아주 적은 양으로도 중추 신경계와 심장을 흥분시키지만 다량으로 섭취할 경우에는 억제제로서 작용한다. 겉으로 보기에 이해할 수 없는 이런 모순은 니코틴이 신경 전달 물질의 역할을 흉내 내기 때문에 생기는 것이다.

니코틴의 구조식

니코틴 분자는 신경 세포 사이의 연접부에 다리를 놓아주기 때문에 처음에는 신경 신호 전달이 잘 이루어진다. 하지만 다음 신경 신호가 도착하기 전에 연접부에 맺어진 연결이 해제되지 못해 연접부에서 신경 신호의 병목 현상이 발생한다. 결국 니코틴의 흥분 효과는 사라지게 되고 근육 활동, 특히 심장 박동이 느려진다. 심장 박동이 느려지면서 혈액 순환이 느려지고 신체와 뇌에 전달되는 산소의 공급 속도가 떨어져 전반적으로 진정 효과가 야기된다. 흡연자들이 마음을 진정시키기 위해 담배가 필요하다고 이야기하는 이유가 여기에 있다. 하지만 사실 니코틴은 긴장을 늦추지 말아야 하는 상황에서 역효과를 초래하는 물질이다. 게다가 담배를 오랫동안 피운 사람들은 괴저와 같은 감염에 취약하다. 괴저는 우리 몸의 혈액 순환이 나빠져 산소가 부족해지면 왕성하게 증식하기 때문이다.

니코틴을 많이 복용하면 치명적인 독이 된다. 니코틴 50밀리그램만 흡수해도 단 몇 분 안에 성인 한 명이 사망할 수 있다. 하지만 니코틴의 독성은 니코틴의 양뿐만 아니라 니코틴이 몸속으로 들어오는 방식에 따라서도 달라진다. 니코틴은 입으로 섭취했을 때보다 피부로 흡수했을 때 독성이 1000배 정도 더 강하다. 이것은 위산이 니코틴 분자를 어느 정도 분해하기 때문인 것 같다. 흡연할 때 담배에 함유된 대부분의 알칼로이드는 담뱃불의 높은 온도에 산화되어 독성이 덜한 물질로 바뀐다. 그렇다고 흡연이 무해하다는 의미는 아니다. 오히려 담배에 들어 있는 니코틴을 비롯한 알칼로이드류 대부분이 산화되지 않으면 단 몇 개비의 흡연만으로도 치명적이 된다는 의미이다. 사실 산화되지 않고 담배 연기에 소량 남아 폐에서 혈류로 직접 흡수되는 니코틴도 매우 위험하다.

니코틴은 강력한 천연 살충제이다. 합성 살충제가 개발되기 전인 1940~1950년대에 수백만 킬로그램의 니코틴이 살충제 용도로 생산되었다. 반면 니코틴과 유사한 구조를 지닌 니코틴산(nicotinic acid)과 피리독신(pyridoxine)은 유독 물질이 아니라 유익한 물질이다. 니코틴산과 피리독신은 우리 몸의 건강과 생존을 위해 꼭 필요한 필수 영양소인 비타민 B군이다. 화학 구조의 작은 변화가 엄청난 특성 차이를 갖고 온다는 사실을 여기서 다시 한번 확인할 수 있다.

니코틴   니코틴산(나이아신)

피리독신(비타민 B$_6$)

우리 식단에서 니코틴산(나이아신이라고도 한다.)이 결핍되면 세 가지 증상(피부염, 설사, 치매)으로 특징 지워지는 펠라그라(pellagra)라는 니코틴산 결핍 증후군이 생긴다. 펠라그라는 식단의 거의 대부분이 옥수수로 이뤄진 경우 유행하게 되는 병인데, 처음에는 전염병(나병의 일종)으로 여겨졌다. 20세기 초만 해도 펠라그라는 미국 남부에서 흔한 병이었고 펠라그라가 나이아신 결핍 때문에 생긴다는 것이 규명되기까지 수많은 환자들이 정신병원에 수용되었다. 그러던 중 미국 공중보건국에 근무하는 의사 조지프 골드버거가 펠라그라는 전염병이 아니라 결핍 증후군이라는 사실을 의료계에 보고했다. 니코틴산(nicotinic acid)이라는 이름은 나이아신(niacin)이라는 이름으로 바뀌었다. 이것은 비타민이 풍부한 흰 빵이 니코틴과 유사한 발음으로 불리는 것을 제빵업자들이 원하지 않아 그렇게 된 것이다.

카페인과 차, 카카오, 커피

아편 전쟁과 연관된 세 번째 알칼로이드, 카페인(caffeine)도 향정신성 약물이다. 하지만 카페인은 전 세계 거의 어디서나 자유롭게 구입할 수 있다. 카페인 함유 음료를 제조하고 광고하는 데 특별한 규제는 없다. 카페인의 화학 구조식과 카페인과 매우 밀접하게 연관된 알칼로이드(테오필린, 테오브로민)의 화학 구조식은 다음과 같다.

카페인

CH₃가 없다.

CH₃가 없다.

테오필린   테오브로민

차에 함유된 테오필린(theophylline)과 코코아에 함유된 테오브로민 (theobromine)이 카페인과 다른 점은 고리 구조에 결합되어 있는 CH_3 기의 개수이다. 카페인은 고리 구조에 3개의 CH_3기가 결합되어 있지 만 테오필린과 테오브로민은 2개의 CH_3기가 결합되어 있고 그 위치 도 카페인과 약간 다르다. 이 작은 분자 구조상의 변화 때문에 세 분자 의 생리학적 효능 차이가 발생한다. 카페인은 커피콩과 찻잎에서 발 견되고 이들보다 함량은 적지만 카카오열매와 콜라열매에서도 발견 된다. 또한 마테찻잎과 과라나 씨앗과 요코 껍질(yoco bark)같이 남아 메리카가 원산지인 식물들에서도 카페인을 볼 수 있다.

카페인은 강력한 중추 신경 흥분제이며 세계에서 가장 많이 연구 되는 약물 가운데 하나이다. 최근 수년간 제시된 수많은 이론들(카페 인이 우리 인체에 미치는 생리학적 영향을 설명하는 이론들)에 따르면 카페인은 뇌를 비롯해 우리 몸 곳곳에 있는 아데노신(adenosine)의 작용을 방해 한다고 한다. 아데노신은 신경 조절 물질이다. 신경 조절 물질이란 자 발적인 신경 점화 속도를 감속시켜 다른 신경 전달 물질들의 방출을 늦추는 분자이다(따라서 우리 몸에서 아데노신이 방출되면 잠이 온다.). 카페인을 마시면 우리는 잠에서 깨는 것처럼 느껴지지만 사실 카페인이 우리를 잠에서 깨운다고 할 수는 없다. 카페인의 진짜 효능은 우리를 졸리게 하는 아데노신의 정상적인 역할을 방해하는 것이다. 카페인이 우리 몸 곳곳에 있는 아데노신 수용기와 결합하게 되면 (아데노신이 아데노신 수용기와 결합하지 못하게 되고) 우리는 카페인 효과를 경험하게 된다. 즉 심박수가 올라가고 혈관이 수축하거나 확장되고 일부 근육은 더 쉽게 수축된다.

카페인은 천식 완화제나 예방약, 편두통 치료제, 혈압 상승제, 이뇨제를 비롯 기타 수많은 약으로 사용된다. 카페인은 처방전 없이 살 수 있는 약에도 들어가고 처방전이 필요한 약에도 들어간다. 카페인의 부작용 가능성에 대한 수많은 연구가 이루어져 다양한 형태의 암, 심장병, 골다공증, 궤양, 간 질환, 월경전 증후군, 신장병, 정자의 운동성, 출산, 태아 발육, 과잉 행동, 운동선수의 경기력, 정신 장애 등과 카페인의 상관관계가 연구되어 왔다. 아직까지 적당량의 카페인을 섭취했을 때 이런 증상 또는 질병이 일어난다는 확실한 증거는 나오지 않았다.

하지만 카페인은 유독성이다. 평균 신장의 성인의 카페인 치사량은 약 10그램으로 추정된다(입으로 섭취했을 때). 커피 한 잔에 들어 있는 카페인 함량은 커피 제조법에 따라 달라져 80~180밀리그램 정도이다. 따라서 성인이 치사량에 이르기 위해서는 55~125잔 정도의 커피를 한 번에 마셔야 한다. 분명한 것은 이 방법으로 카페인 중독이 일어날 것 같지는 않다는 것이다(불가능한 것은 아니지만). 건조 중량 기준으로 찻잎은 커피콩보다 두 배나 많은 카페인을 함유하고 있다. 하지만 차 한 잔당 들어가는 찻잎의 양이 커피보다 적고 일반적인 차 달이는 방법으로 추출되는 카페인의 양은 커피보다 적으므로, 차 한 잔에 들어 있는 카페인 함량은 커피 한 잔에 들어 있는 카페인 함량의 절반 정도에 불과하다.

차는 카페인 외에 소량의 테오필린도 함유하고 있다. 테오필린은 카페인과 유사한 효과를 가진 분자이다. 테오필린은 오늘날 천식 치료제로 널리 사용되고 있다. 테오필린은 카페인보다 더 뛰어난 기관지 확장제(기관지 조직 이완제)이며 카페인보다 중추 신경계를 덜 흥분시킨다. 코코아와 초콜릿의 원료가 되는 카카오열매에는 1~2퍼센트의 테오브로민이 들어 있다. 테오브로민은 테오필린보다 중추 신경계를 덜 흥분시킨다. 그러나 카카오에는 테오브로민의 함량이 카페인보다 7~8배 많기 때문에 결과적으로 중추 신경계가 흥분되는 효과가 나타난다. 모르핀 및 니코틴처럼 카페인과 테오필린과 테오브로민도 중독 물질이다(금단 증상으로 두통, 피로, 졸음 등이 나타나고 카페인을 과도하게 섭취할 경우 메스꺼움과 구토 등이 일어난다.). 그나마 다행인 것은 카페인의 금단 증상은 비교적 빨리(길어야 일주일) 사라진다는 점이다(세계에서 가장 인기 있는 중독 식품인 카페인을 끊고자 하는 사람은 드물 것이다.).

선사 시대 사람들도 카페인 함유 식물들을 알고 있었던 것 같다. 고대에 카페인 함유 식물들이 사용되었다는 것은 거의 확실하다. 그러나 차, 카카오, 커피 중에서 어느 것이 먼저 이용되기 시작했는지는 알 수 없다. 중국 전설에 따르면 신화의 중국 황제 신농씨(神農氏)가 질병 예방 조치로 궁정에서 식수를 끓여 마시는 관습을 도입했다고 한다. 하인들이 식수를 끓이고 있던 어느 날, 신농씨가 근처 덤불의 나뭇잎이 식수에 떨어진 것을 보았는데 여기서 우러난 물이 아마 오늘날까지(5000년 동안) 수없이 달여진 차의 시초가 된 것 같다. 전설에서는 고대부터 차 마시기가 있었다는 것을 언급하고 있지만 차나 차의 효능("생각을 맑게 하는" 것)이 중국 문헌에서 언급되기 시작한 것은 기원전 2세기가 되면서부터였다. 중국에 전해지는 또 다른 전설에 따르면 차는 인도 북부나 동남아시아에서 들어왔을지도 모른다. 어쨌든 (차의 기원이 어디든) 차는 오랜 세월 동안 중국인들의 생활의 일부였고 수많은 아시아 국가(특히 일본)에서도 그 국가 문화의 중요한 일부분이 되었다.

마카오에 무역항이 있던 포르투갈 인은 제한되나마 중국과 무역을 시작한 최초의 유럽 인이었고 자연스럽게 차를 마시는 문화를 갖게 됐다. 그렇지만 유럽에 처음으로 차를 갖고 온 것은 네덜란드 인이었고 때는 17세기 초반이었다. 처음에 차는 값이 너무 비싸 부자들만 살 수 있었다. 차 수입량이 늘어나고 관세가 점차적으로 낮아지면서 차의 가격도 서서히 내려갔다. 18세기 초, 차가 영국의 국민 음료였던 에일(ale) 맥주를 대체하기 시작하면서(장차) 아편 전쟁과 중국의 개항에서 차(와 그 속에 함유된 카페인)가 맡게 될 역할을 위한 무대가 마련되기 시작했다.

차는 흔히 미국 독립 혁명의 주요 요인으로 여겨진다(차의 역할은 실질적이라기보다 상징적인 것이었지만). 1763년, 영국은 프랑스를 북아메리카에서 축출하고 식민지 주민들과 조약을 협상해 나가면서 식민지 확장을 통제하고 무역을 규제했다. 영국 의회가 식민지에 대해 지나친 간섭을 하자 식민지 주민들의 반응은 분노에서 반란으로 바뀌었다.

특히 식민지 주민들을 화나게 했던 것은 국내외 무역을 막론하고 너무 높게 매겨진 세금이었다. 비록 1764~1765년의 인지 조례(거의 모든 형태의 문서에 수입 인지를 의무화해 세금을 거두어 들인 규정)가 폐지되고 설탕, 종이, 페인트, 유리에 매겨진 세금이 없어졌지만 차에는 여전히 높은 관세가 부과되고 있었다. 1773년 12월 16일, 한 무리의 성난 시민들이 차 화물을 보스턴 항만에 던져 버렸다. 사실 이 항의는 차에 대한 것이 아니라 "대표 없는 과세"에 대한 항의였다. 어쨌든 '보스턴 차 사건'으로 불리는 이 사건은 흔히 미국 독립 혁명의 시발로 여겨진다.

고고학 유적을 보면 신대륙에서는 중앙아메리카가 원산지인 카카오콩에서 맨 처음 카페인을 얻었음을 알 수 있다. 기원전 1500년, 멕시코에서 카카오콩이 사용되었고 그 뒤, 마야 문명과 톨텍 문명에서도 카페인을 얻기 위해 카카오콩을 재배했다. 1502년, 네 번째 신대륙 탐험을 마치고 돌아온 콜럼버스는 스페인 왕 페르디난드에게 카카오콩을 선물했다. 하지만 유럽 인들이 카카오콩에 들어 있는 알칼로이드류에 흥분 효과가 있다는 것을 안 것은 1528년, 멕시코 정복자 에르난 코르테스가 몬테수마 2세의 궁정에서 아스텍 인들이 마시던 검은 음료를 마시면서부터였다. 코르테스는 아스텍 인들의 묘사를 인용해 카카오를 "신들의 음료"라고 불렀다. 카카오에 가장 많이 함유된 알칼로이드, 테오브로민의 이름은 바로 '신들의 음료'라는 말에서 비롯된 것이다(그리스 어 테오스(*theos*)는 신을 뜻하고 브로마(*broma*)는 음식을 의미한다.). 테오브로민은 열대 나무인 테오브로마 카카오(*Theobroma cacao*)의 30센티미터 길이 꼬투리에 들어 있는 열매에 함유되어 있다.

16세기 말까지 스페인의 부유층 및 귀족들의 전유물이었던 초콜릿 (카카오) 마시기는 마침내 이탈리아, 프랑스, 네덜란드를 거쳐 유럽 전역으로 확산되었다. 따라서 유럽에서는 차나 커피의 카페인보다 카카오의 카페인(비록 소량이었지만)이 먼저 섭취된 셈이다.

초콜릿은 또 하나의 흥미로운 물질, 아난다마이드(anandamide)를 함유하고 있다. 아난다마이드가 결합하는 뇌의 감각 수용기와 마리화나의 활성 성분인 테트라히드로칸나비놀(tetrahydrocannabinol, THC)이라는 페놀 화합물이 결합하는 뇌의 감각 수용기는 동일한 것으로 알려져 있다(그러나 아난다마이드의 분자 구조는 THC와 매우 다르다.). 우리가 초콜릿을 먹을 때 원하는 만족감(기분 전환 효과)이 아난다마이드 때문에 유발되는 것이라면 재미있는 질문 하나를 던져 볼 수 있다. 우리가

테오브로마 카카오의 열매(사진 제공 Peter Le Couteur)

불법으로 규정하고자 하는 것은 무엇인가? THC 분자인가 아니면 기분 전환 효과인가? 만약 우리가 금지하고자 하는 것이 기분 전환 효과라면 우리는 초콜릿 제조를 불법으로 간주해야 하는 것이 아닌가?

초콜릿의 아난다마이드(위)와 마리화나의 THC(아래)는 분자 구조가 서로 다르다.

카페인은 초콜릿을 통해 유럽에 소개되었다. 카카오가 유럽에 소개된 지 1세기가 더 지난 뒤에야 더 진한 농도의 카페인 음료(커피)가 유럽에 소개되었다. 중동에서는 커피가 유럽에 소개되기 수세기 전부터 이미 커피를 마시고 있었다. 현존하는 가장 오래된 커피 마시기 기록은 10세기 아라비아 인 의사 라제스가 갖고 있다. 물론 목동 칼디(Kaldi)에 관한 에티오피아 신화에서 볼 수 있듯이, 커피는 라제스가 살던 시대 이전부터 잘 알려진 식물이었다. 칼디는 난생 처음 보는 나무의 잎과 열매를 뜯어먹은 자신의 염소가 기분 좋게 뛰어다니며 뒷

다리로 춤추는 것을 보았다. 염소를 따라 밝은 붉은색 열매를 먹어 본 칼디는 자신도 염소처럼 기분이 들뜨는 것을 느꼈다. 칼디는 이 열매를 자기 마을 이슬람 사원의 사제에게 갖다 줬지만 사제는 먹지 말라며 열매를 불 속에 집어 던졌다. 그 불꽃에서 기막힌 향기가 풍겨 나왔고 여기서 나온 구운 콩으로 최초의 커피가 만들어졌다고 한다. 멋진 이야기이기는 하지만 칼리의 염소가 커피나무(*Coffea arabica*)의 카페인을 맨 처음 발견했다는 증거는 없다. 하지만 커피는 에티오피아 고산 지대 어딘가에서 유래해 아프리카 북동부와 아라비아로 전파된 것으로 보인다. 커피는 언제나 환영받았던 것은 아니고 때때로 금지되기도 했다. 하지만 15세기 말에는 이슬람 순례자들을 통해 이슬람 세계 전역으로 퍼지게 되었다.

17세기, 유럽에서도 이와 유사한 방식으로 커피가 전파되어 의사, 성직자, 정부 당국자는 결국 카페인이 갖고 있는 매력을 인정하게 되었다. 커피는 이탈리아의 길거리와 베네치아, 빈, 파리, 암스테르담, 독일, 스칸디나비아 반도의 카페에서 판매되었고 유럽 인들은 자신들이 술을 줄이게 된 원인으로 커피를 든다. 커피는 (어느 정도) 남부 유럽에서는 포도주를 대신했고 북부 유럽에서는 맥주를 대신했다. 노동자들은 더 이상 아침 대신 에일 맥주를 마시지 않게 되었다. 1700년, 런던의 커피하우스는 2000개가 넘었다. 수많은 남자 손님들이 단골로 드나들었고(여자 손님은 없었다.) 여기서 종교, 무역, 직업 관련 업무가 이루어졌다. 선원들과 상인들은 에드워드 로이즈 커피하우스(Edward Lloyd's Coffeehouse)에 모여서 선적 목록을 작성했다. 커피하우스에서 선적 목록을 작성하던 관습은 해상 보험 가입으로 이어지고 여기서 유명한 보험 회사 런던 로이즈(Lloyd's of London)가 탄생하게 되었다. 런던 증권 거래소를 비롯한 웬만한 은행, 신문사, 잡지사는 모두 런던의 커피하우스에서 시작된 것으로 추정된다.

신세계, 특히 브라질과 중앙아메리카는 커피 재배로 말미암아 엄청난 개발을 경험했다. 1734년, 아이티에서 처음으로 커피나무가 재배되었다. 이로부터 50년 뒤, 아이티에서 전 세계 커피 생산량의 절반이 나왔다. 1791년, 커피 재배와 설탕 재배로 착취당하던 아이티의 노예들이 끔찍한 근로 환경에 저항해 봉기를 일으켰다. 장기간의 유혈 사태로 얼룩진 이 봉기는 지금도 혼돈스러운 아이티의 정치 · 경제적 상황으로 이어지고 있다. 서인도 제도(아이티)에서 커피 무역이 쇠락하자 브라질, 콜롬비아, 기타 중앙아메리카 국가들, 인도, 실론 섬, 자바 섬, 수마트라 섬이 커피 생산에 뛰어들어 빠르게 성장하는 커피 시장의 수요에 대응했다.

특히 브라질의 농업과 상업은 커피 재배가 주를 이루게 되었다. 설탕 농원이었던 거대한 규모의 토지는 커피콩에서 수확할 거대한 이윤을 기대하며 커피나무 재배지로 바뀌었다. 브라질의 노예제는 값싼 노동력이 필요했던 커피 재배자들의 정치적인 실력 행사로 폐지가 늦어졌다. 브라질은 1850년이 되어서야 노예 수입이 금지되었다. 1871년, 노예 집안에서 태어난 모든 아이들에게 법적인 자유가 주어졌고 (비록 점진적이기는 했지만) 이로 말미암아 브라질의 노예제가 폐지될 수 있는 발판이 마련되었다. 서방 국가들이 노예제를 폐지하고 얼마간의 세월이 흐른 1888년, 마침내 브라질의 노예제가 완전히 폐지되었다.

브라질의 커피 재배는 커피 재배지와 주요 항구를 연결하는 철도가 건설되면서 브라질 경제 성장의 원동력이 되었다. 노예제가 폐지되자 수천 명의 이민자(주로 가난한 이탈리아 인)들이 브라질의 커피 농장에서 일하기 위해 브라질로 들어와 브라질의 인종 문화적 구성이 변하게 되었다.

계속된 커피 재배로 브라질의 환경은 급격하게 변화했다. 대규모 커피 농장을 건설하기 위해 광대한 영역의 토지가 개간되어 천연 삼림은 벌목되거나 태워져 버렸고 동물들이 멸종되었으며 시골은 커피 농장 천지가 되었다. 다른 작물은 심지 않고 커피만 재배한 결과 토지의 생산력이 자꾸만 떨어져 새로운 땅을 개간해야만 했다. 열대 우림은 재생하는 데 수세기가 걸린다. 적절하게 묘목을 심어 주지 않으면 침식으로 인해 토양에 포함된 영양분은 모조리 빠져나가 버리고 삼림 재생은 꿈도 꿀 수 없게 된다. 단일 재배에 과도하게 의존하면 전통적으로 재배해 오던 필수 작물을 심지 않게 되고 세계 곡물 시장의 공급 변동에 훨씬 더 취약하게 된다. 단일 재배를 하면 커피녹병(coffee leaf rust) 같은 병충해에도 매우 걸리기 쉬워 단 며칠 만에 커피 농장 전체가 피해를 입을 수 있다.

커피를 재배하는 중앙아메리카의 나머지 국가들도 브라질과 유사한 형태로 노예제가 형성되고 토지 개간이 이루어졌다. 19세기 후반, 커피 단일 재배가 고산 지대(커피 재배에 최적의 조건을 제공하는 지역이다.)로 확산되자 과테말라와 엘살바도르, 니카라과, 멕시코의 원주민들, 즉 마야의 후손들은 체계적이고 강제적으로 토지를 빼앗겼다. 고산 지대 마을에 새로 온 외지인들은 지역 원주민들에게 강제 노동을 시켰다. 남성, 여성, 어린이 할 것 없이 마을 사람들은 적은 수당을 받고 노예처럼 아무 권리도 없이 장시간 일했다. 엘리트 계층(커피 농장 소유주)은 국가의 부를 거머쥐고 정부 정책을 조정하며 이윤을 추구했고 수십 년간의 사회적 불평등을 조장했다. 중앙아메리카 국가들의 정치 불안과 폭력 혁명의 역사는 (어느 정도) 커피를 원하는 사람들의 욕망이 남긴 유산이라고 볼 수 있다.

양귀비는 원래 지중해 동부에서 귀한 약초로 사용되다가 유럽과 아시아로 전파되었다. 오늘날 아편 밀매로 벌어들인 수익은 조직 범죄와 국제 테러리즘의 지속적인 자금줄이 되고 있다. 양귀비에서 추출된 아편 때문에 수백만 명의 건강과 행복이 직간접적으로 피해를 입었지만 그와 동시에 진통을 경감시키는 아편의 놀라운 특성을 의학적으로 현명하게 사용한 덕분에 더 많은 사람들이 혜택을 입기도 했다.

아편이 허락되기도 하고 금지되기도 했듯이 니코틴도 장려되기도 하고 금지되기도 했다. 한때 담배는 우리 몸에 유익한 효능을 갖고 있는 것으로 여겨져 수많은 질병 치료제로 사용되었다. 하지만 시대와 장소가 변하면서 흡연은 위험하고 타락한 습관이라 하여 법으로 금지되기에 이르렀다. 20세기 초, 흡연은 많은 사회에서 허용되는 정도가 아니라 아예 장려되기에 이르렀다. 흡연은 여성 해방과 세련된 남성의 상징이 되었다. 21세기 초, 다시 시계추는 반대편으로 넘어가 니코틴은 많은 사회에서 아편처럼 취급되고 있다(니코틴은 제제를 받고 세금이 부과되고 배척당하고 금지되고 있다.).

반면 칙령과 교회의 명령으로 한때 금지되었던 카페인은 이제 언제든지 쉽게 얻을 수 있는 물질이 되었다. 어린이나 10대들조차 법이나 규제로 카페인 섭취를 제한받는 일은 없다. 사실상 수많은 문화권의 부모들은 자녀들에게 습관적으로 카페인 음료를 먹이고 있다. 아편의 경우 각국 정부는 지정된 의료 목적에만 사용하도록 제한하고 있지만, 카페인과 니코틴을 통해서는 엄청난 세금을 거둬들이고 있다(안정적으로 많은 돈이 들어오는 세원인 카페인과 니코틴을 앞으로도 포기하거나 금지할 것 같지는 않다.).

1800년대 중반의 아편 전쟁(제1차, 제2차)으로 귀결될 사건들을 촉발시켰던 것은 세 가지 분자(모르핀, 니코틴, 카페인)를 차지하려는 인간의 욕망이었다. 아편 전쟁의 결과로 수세기 동안 중국인들의 삶의 바탕이 되어 온 사회 체제가 변화되기 시작했다. 그러나 세 가지 화합물이 역사에 미친 영향은 이보다 훨씬 더 컸다. 원산지를 떠나 이국땅에서 재배된 아편, 담배, 차와 커피는 이 작물들을 재배한 지역 인종 구성과 생활에 엄청난 영향을 미쳤다. 양귀비 밭, 담배 밭, 차나무와 커피나무로 뒤덮인 초록의 고원 지대가 들어서면서 수많은 지역의 토착 식생이 파괴되고 지역 생태계가 엄청난 변화를 겪었다. 이 작물들에 함유된 알칼로이드 분자들은 무역을 활성화하고 부를 생성하고 전쟁을 일으키고 정부의 재원이 되고 쿠데타에 자금을 공급했으며 수백만을 노예로 만들었다. 이 모든 일들이 순간적인 화학적 쾌락을 갈망하는 우리들의 끊임없는 탐욕 때문에 일어났다.

지중해 문명을 낳은 황금 기름,
올레산

상품 교역이 이루어지기 위한 제1조건을 화학적으로 이야기하면 "사람들이 몹시 원하지만 전 세계에 골고루 분포되어 있지 않고 어느 한곳에 모여 있는 물질"이라고 할 수 있다. 지금까지 우리가 살펴본 화합물(향료, 차, 커피, 아편, 담배, 고무, 염료에 들어 있는 물질)은 모두 이 정의를 만족했다. 지금부터 이야기할 올레산(oleic acid) 또한 그렇다. 올레산 분자는 올리브나무의 푸른색의 작은 열매를 압착해서 나오는 올리브유에 풍부하게 들어 있다. 수천년 동안 귀한 교역 품목이었던 올리브유는 지중해 연안에서 번성했던 사회들의 생혈로 불렸다. 지중해 연안에서 문명들이 발생하고 쇠락할 때 올리브나무와 황금 기름(golden oil, 올리브유)은 언제나 그 번영의 밑바탕과 그 문화의 중심에 놓여 있었다.

아테나 여신의 선물, 올리브

올리브나무와 그 기원에 대한 신화와 전설은 많다. 인류에게 올리브와 풍부한 올리브 열매를 선사한 것은 고대 이집트 여신 이시스였다고 한다. 로마 신화에 따르면 헤라클레스가 북아프리카에서 올리브나무를 가져왔으며 로마의 여신 미네르바가 올리브나무 재배 기술과 올리브유 추출 방법을 가르쳐 주었다고 한다. 또 다른 전설에 따르면 아담 시대부터 올리브나무가 있었다고도 한다(아담의 무덤이 있는 곳에서 최초의 올리브나무가 자라났다고 한다.).

그리스 신화에 따르면 바다의 신 포세이돈과 평화와 지혜의 신 아테나가 경연을 벌였다고 한다. 이 경연은 아티카 지역에 새로 들어선 도시의 시민들에게 가장 유용한 선물을 주는 쪽이 승리자가 되는 경연이었다. 포세이돈이 삼지창으로 바위를 찔러 샘을 만들자 샘에서 물이 흐르기 시작하고 말(힘과 능력의 상징이자 전쟁에 매우 도움되는 존재)이 튀쳐나왔다. 아테나는 자기 차례가 되자 땅을 향해 창을 던졌고 땅에 꽂힌 아테나의 창은 올리브나무(평화의 상징이자 음식과 연료가 되는 존재이다.)가 되었다. 아테나의 선물이 포세이돈의 선물보다 더 유용하다는 판정이 내려졌고 아티카 지역에 새로 들어선 도시 이름은 아테나를 기리는 의미로 아테네로 지어졌다. 올리브는 오늘날까지도 신의 선물로 여겨지고 있으며 올리브나무는 지금도 아테네의 아크로폴리스 꼭대기에서 자라고 있다.

올리브나무의 원산지에 대해서는 이견이 분분하다. 이탈리아와 그리스에서는 현대 올리브나무의 조상으로 여겨지는 화석이 발견되었

다. 올리브나무가 처음 재배된 지역은 지중해 동부를 비롯한 오늘날
의 터키, 그리스, 시리아, 이란, 이라크 지역 등지로 생각된다. 올리브
나무를 재배하는 목적은 올리브 열매 때문이다. 올리브나무는 올레
아(*Olea*) 속에 속하며 올리브나무의 종은 단 하나, 올레아 에우로파이
아(*Olea europaea*)밖에 없다. 올리브나무가 재배되기 시작한 것은
5000~7000년 전이다.

올리브 재배는 지중해 동부 연안에서 시작해 팔레스타인과 이집트
로 퍼져나갔다. 일부 학자들은 올리브 재배가 크레타 섬에서 시작된 것
으로 본다. 크레타 섬에서는 올리브 산업이 번성해서 기원전 2000년,
올리브유를 그리스, 북아프리카, 소아시아 등지로 수출했다. 그리스의
식민지가 늘어나면서 그리스 인들은 올리브나무를 이탈리아, 프랑
스, 스페인, 튀니지 등지로 가져갔고 로마 제국이 팽창하면서 올리브

아테네의 아크로폴리스 꼭대기에서 자라고 있는 올리브나무(사진 제공 Peter Le Couteur)

문화는 지중해 전역으로 퍼져나갔다. 올리브유는 수세기 동안 지중해 지역의 가장 중요한 교역 상품이었다.

올리브유는 식품으로서 유용한 칼로리를 제공했을 뿐만 아니라 지중해 지역 주민들의 일상생활에 다양한 용도로 사용되었다. 올리브유를 채운 램프는 어두운 밤을 밝혔다. 올리브유는 화장품 용도로도 사용되었다(그리스 인들과 로마 인들은 목욕 후에 올리브유를 피부에 발랐다.). 운동선수들은 근육을 유연하게 하는 데에 올리브유 마사지가 꼭 필요하다고 생각했다. 격투기 선수들은 상대방을 잡을 때 미끄러지지 않도록 올리브유 위에 모래나 흙을 덧발랐는데 경기 후에는 목욕을 하고 올리브유 마사지(찰과상을 완화하고 치료하기 위한 것이었다.)를 받았기 때문에 더 많은 올리브유가 필요했다. 여성들은 피부를 젊게 보이고 머리칼을 윤기 있게 하기 위해 올리브유를 발랐다. 올리브유는 대머리 예방과 정력 증진에 도움이 된다고 여겨졌다. 약초 성분 가운데 향기를 내는 성분은 대부분 오일에 잘 녹는다. 따라서 콩, 참깨, 장미, 회향(茴香, fennel), 박하, 노간주나무, 세이지(sage) 같은 식물의 잎이나 꽃을 올리브유에 용해시켜, 이국적이면서도 향기가 매우 뛰어난 혼합물을 만들었다. 그리스 의사들은 메스꺼움, 콜레라, 궤양, 불면증 등을 비롯한 수많은 질병 치료에 올리브유나 방금 언급한 혼합물을 처방했다. 고대 이집트 의학 서적을 봐도 올리브유를 언급한 부분(내복약으로 먹거나 외용약으로 바르거나)이 많이 나온다. 올리브나무의 잎도 열을 낮추고 말라리아를 치료하는 데 사용되었다. 올리브 잎은 살리실산을 함유하고 있다. 살리실산은 버드나무와 메도스위트에 들어있는 물질로 1893년 펠릭스 호프만이 아스피린을 개발해 낼 때 썼던 바로 그 물질이다.

지중해 사람들이 올리브유를 얼마나 중요하게 여겼는지는 그들이 남긴 글이나 심지어 법률을 봐도 알 수 있다. 그리스 시인 호메로스는 올리브유를 "액체 황금"으로 불렀다. 그리스 철학자 데모크리토스는 꿀과 올리브유를 함께 먹으면 100세까지 살 수 있다고 믿었다(당시 기대 수명은 40세 전후였으므로 100세는 매우 긴 수명이다.). 기원전 6세기, 아테네의 입법가 솔론(인도적인 법, 평의회, 의회의 권리, 원로원 등을 설립·제정했다)은 올리브나무 보호법을 도입해서 매년 올리브나무 숲에서 자를 수 있는 나무를 두 그루로 제한했다. 이 법을 어기면 엄격한 처벌이 내려졌고 사형까지 언도될 수 있었다.

성경에는 올리브와 올리브유가 100번 이상 언급되어 있다. 예를 들면 다음과 같다. "홍수 이후 비둘기가 올리브 가지를 물고 노아에게 돌아왔다, 모세는 향료와 올리브유를 섞은 성유(聖油)를 준비하라는 지시를 받았다.", "선한 사마리아 인이 강도에게 다친 사람의 상처에 포도주와 올리브유를 부었다.", "현명한 처녀들이 올리브유로 램프를 가득 채웠다." 예루살렘에는 감람산(올리브의 산)이 있다. 이스라엘 왕 다윗은 자신의 올리브나무 숲과 창고를 보호하기 위해 경비원을 임명했다. 로마 역사가 플리니우스는 1세기, 지중해에서 가장 뛰어난 올리브유가 있는 나라는 이탈리아라고 했다. 로마의 베르길리우스는 올리브를 이렇게 칭송했다. "따라서 올리브를 경작할지어다. 풍요와 평화의 상징이여."

올리브나무에 얽힌 이야기는 일상생활뿐만 아니라 종교, 신화, 시속으로 융합되어 갔다. 올리브나무가 수많은 문화의 상징으로 쓰인 것은 당연한 일이었을 것이다. 고대 그리스에서, 음식과 램프에 사용된 올리브유가 충분히 공급된다는 것은 전쟁 시기에는 있을 수 없는 번영을 의미했기 때문에 올리브나무는 평화로운 시기와 동의어가 되었다. 현대 영어에서도 올리브 나뭇가지는 화해라는 의미로 사용되고 있다. 또한 올리브나무는 승리의 상징으로 여겨져 고대 올림픽 경기 우승자는 올리브 잎으로 만든 월계관과 올리브유를 수여받았다. 전쟁 중에는 올리브나무 숲이 종종 공격 목표가 되었다. 상대방의 올리브나무 숲을 파괴하는 것은 주요 식량 자원을 없애는 일일 뿐만 아니라 심리적으로도 엄청난 타격을 입히는 것이었기 때문이다. 올리브나무는 지혜와 부활을 의미하기도 했다. 화재나 벌목으로 죽은 줄 알았던 올리브나무가 새싹을 틔워 열매를 맺는 것은 흔히 볼 수 있는 일이다.

올리브나무는 힘(헤라클레스가 사용한 곤봉은 올리브나무의 줄기로 만든 것이었다.)과 희생(그리스도가 못 박힌 십자가는 아마 올리브나무로 만들어진 것이었다.)을 상징했다. 시대와 문화를 달리하며 올리브나무는 힘과 부, 순결, 다산을 상징했다. 올리브유는 수세기 동안 즉위식이나 서품식에서 왕, 황제, 주교를 임명할 때 사용되었다. 이스라엘 최초의 왕 사울은 즉위할 때 올리브유를 자신의 이마에 발랐다. 수백 년 뒤, 지중해 반대편에서는 프랑크 족 최초의 왕 클로비스가 자신의 대관식에서 올리브유를 바르고 루이 1세로 등극했다. 이후 34명의 프랑스 왕들도 루이 1세처럼 서양배 모양의 유리병에 든 올리브유를 바르고 왕위에 올랐다(프랑스 혁명 기간 중에 이 유리병은 파괴되었다.).

올리브나무는 매우 강하다. 올리브나무가 열매를 맺기 위해서는 겨울이 짧아야 하고 꽃이 떨어지지 않기 위해서는 봄에 서리가 없어야 한다. 올리브 열매가 잘 익기 위해서는 여름이 덥고 길어야 하고 가을은 온화해야 한다. 지중해는 아프리카 연안의 온도를 낮추고 지중해 북부 연안을 따뜻하게 하기 때문에 지중해 연안 전체는 올리브 재배에 이상적이다. 온화한 지중해 연안에서 멀리 떨어진 내륙에서는 올리브나무가 자라지 않는다. 올리브나무는 강우량이 매우 적은 곳에서도 생존할 수 있다. 올리브의 곧고 긴 뿌리는 물을 찾아 깊이 들어가며 올리브나무의 잎은 폭이 좁고 감촉이 가죽 같으며 뒷면은 잔털이 약간 있고 은백색이다(증발로 인한 물의 손실을 막기 위해 환경에 적응한 결과이다.). 올리브는 가뭄에 견딜 수 있고 바위투성이의 땅과 돌이 많은 언덕에서도 자랄 수 있다. 올리브나무는 극심한 서리와 얼음 폭풍으로 가지가 꺾이고 줄기가 부러지기도 한다. 하지만 좀처럼 죽지 않는 올리브나무는 추위에 얼어 죽은 것처럼 보여도 다음 해 봄이면 어김없이 다시 살아나 신선하고 푸른 움을 틔운다. 수천 년 동안 올리브나무에 의지해 살아온 사람들이 올리브를 숭배하는 것은 당연한 일이었을 것이다.

올리브와 트라이글리세리드

기름을 얻을 수 있는 식물은 많다. 몇 가지 거론하면 호두, 아몬드, 옥수수, 참깨, 아마 씨, 코코넛, 콩, 땅콩 등이 있다. 기름과 지방(지방은 보통 동물로부터 얻으며 화학적으로 기름과 매우 비슷해 기름의 사촌뻘이 된다.)

은 요리, 조명, 화장품, 의약품 등의 용도로 오랫동안 귀하게 여겨져 왔다. 하지만 기름과 지방 가운데 올리브나무의 열매에서 얻는 올리브유만큼 문화와 경제에서 큰 부분을 차지하며, 사람들의 정서 및 의식과 엮이며, 서구 문명 발달에서 중요한 위치를 차지했던 물질은 없었다.

올리브유는 다른 기름 및 지방과 화학적 차이가 아주 미미하다. 하지만 우리는 올리브유를 통해서 아주 작은 차이가 인류 역사상 엄청난 차이를 가져왔다는 사실을 다시 한번 확인하게 될 것이다. 올레산(올리브유의 주성분)이 없었다면 서구 문명 및 민주주의의 발전은 전혀 다른 길을 걸어갔을 거라고 감히 단언할 수 있을 정도이다(올레산이라는 이름은 올리브의 이름을 딴 것으로 올리브유가 다른 기름 및 지방과 구별되는 이유는 바로 올레산 때문이다.).

지방과 기름은 트라이글리세리드(triglyceride)이다. 트라이글리세리드는 글리세린(glycerin)으로도 불리는 글리세롤(glycerol) 분자 1개와 3개의 지방산(fatty acid)이 결합한 물질이다.

$$H_2C-OH$$
$$HC-OH$$
$$H_2C-OH$$

글리세롤 분자

지방산은 탄소 원자들로 이루어진 긴 사슬이고 사슬 맨 끝에 1개의 유기산기, 즉 COOH(혹은 HOOC)가 결합되어 있다.

$$HO-\overset{}{\underset{O}{C}}-CH_2-CH_2-CH_2-CH_2-CH_2-CH_2-CH_2-CH_2-CH_2-CH_2-CH_3$$

12개의 탄소로 이루어진 지방산 분자. 왼쪽의 동그라미 친 부분이 유기산기이다.

지방산 분자는 간단하지만 탄소 원자가 많아서 지그재그 형태로 구조식을 표시하는 편이 더 알아보기 쉽다. 지그재그 형태의 구조식에서 직선이 만나는 모든 교점과 직선의 끝은 탄소 원자 1개를 의미하고 수소 원자는 대부분 생략된다.

지그재그 형태의 구조식으로 표현한 지방산도 탄소 원자의 개수(12개)는 변함없다.

글리세롤에 있는 3개의 OH기가 지방산 분자에 있는 HOOC의 OH 3개와 만나 3개의 물 분자(H_2O)가 생성, 탈수되면서 트라이글리세리드가 형성된다. 이 축합 과정은 다당류(polysaccharide)가 형성되는 과정과 유사하다(1권의 네 번째 이야기 참조). 다음 그림에서는 트라이글리세리드 분자를 구성하는 지방산 분자 3개가 모두 동일하다. 하지만 트라이글리세리드를 구성하는 3개의 지방산 가운데 2개의 지방산만 동일하고 나머지가 다른 경우도 있고, 트라이글리세리드를 구성하는 3개의 지

글리세롤과 3개의
지방산이

$- 3 H_2O$

결합해

하나의 트라이글리
세리드가 형성된다.

방산 모두 다른 경우도 있다. 지방과 기름, 즉 트라이글리세리드는 글리세롤 부분만 동일하고 지방산 부분은 가변적이다. 위 그림의 트라이글리세리드 분자는 포화 지방산(saturated fatty acid)이다. '포화'라는 말은 수소로 포화되었다는 의미이다. 탄소-탄소 이중 결합이 분해될 때 수소 원자가 지방산에 결합할 수 있는데 위 그림의 트라이글리세리드의 경우 탄소-탄소 이중 결합이 없으므로 더 이상 수소가 지방산과 결합할 수 없다. 탄소-탄소 이중 결합이 지방산에 존재하는 경우를 불포화 지방산(unsaturated fatty acid)이라고 한다. 흔히 볼 수 있는 포화 지방산의 예를 들면 다음 그림과 같다. 스테아르산은 쇠기름(suet)에서 얻었음을, 팔미트산은 팜유(palm oil)에서 얻었음을 그 이름에서 쉽게 유추할 수 있다.

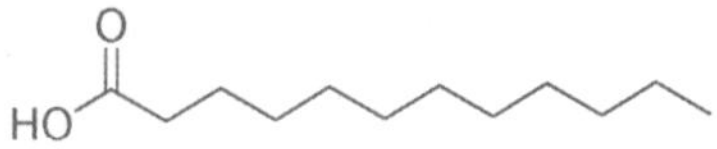

로르산(탄소 12개)

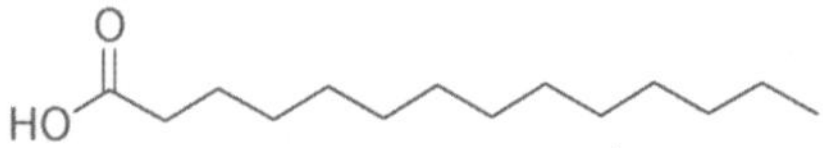

미리스트산(탄소 14개)

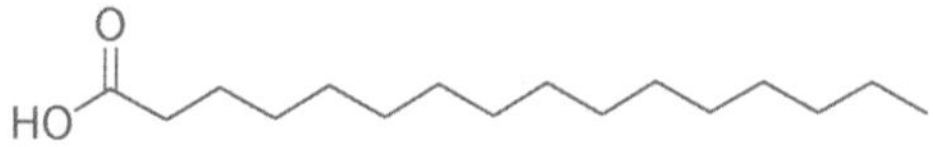

팔미트산(탄소 16개)

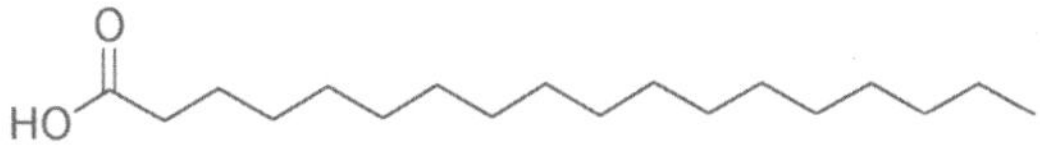

스테아르산
(탄소 18개)

　거의 모든 지방산은 짝수개의 탄소를 갖고 있다. 위에서 예로 든 지방산들은 가장 흔히 볼 수 있는 지방산들이다(물론 다른 지방산들도 많다.). 버터는 뷰티르산(butyric acid)을 함유하고 있다. 뷰티르산은 버터의 이름을 따서 명명되었는데 탄소가 단 4개이다. 카프로산(caproic acid, caper는 염소를 의미하는 라틴 어)은 버터에서도 볼 수 있고 염소젖의 지방에서도 볼 수 있는데 6개의 탄소를 갖고 있다.

　불포화 지방산은 하나 이상의 탄소-탄소 이중 결합을 갖고 있다. 탄소-탄소 이중 결합이 하나만 있는 지방산을 단일 불포화 지방산이라 하고 2개 이상인 지방산을 다중 불포화 지방산이라고 한다. 다음 그림에서 트라이글리세리드 분자는 2개의 단일 불포화 지방산과 1개의 포화 지방산으로 이루어져 있다. 이 그림에서 긴 사슬상의 탄소 원자들이 이중 결합의 같은 쪽에 있기 때문에 이중 결합의 형태는 시스형이다.

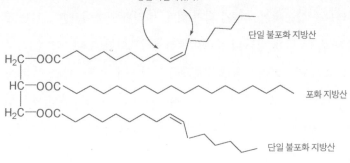

탄소 원자들이 이중 결합의
동일 측변에 있다.

단일 불포화 지방산

포화 지방산

단일 불포화 지방산

2개의 단일 불포화 지방산과 1개의 포화 지방산으로 이루어진 트라이글리세리드

이중 결합이 있는 트라이글리세리드(하나 이상의 불포화 지방산으로 이루어진 트라이글리세리드)는 시스형 결합 때문에 사슬 모양에 변형이 와서(휘어져) 포화 지방산으로 이루어진 트라이글리세리드처럼 밀착해서 포개질 수 없다.

3개의 포화 지방산

3개의 포화 지방산으로 이루어진 트라이글리세리드

지방산의 이중 결합이 많아질수록 지방산은 더 많이 휘어지고 지방산의 포개짐은 더 줄어든다. 지방산의 포개짐이 줄어들수록 지방산을 붙잡고 있는 인력을 극복하는 데 필요한 에너지가 더 적게 들어 불포화 지방산으로 이루어진 트라이글리세리드 분자들은 낮은 온도에서

도 쉽게 분리될 수 있다. 즉 불포화 지방산 함유량이 높은 트라이글리세리드는 상온에서 액체가 되기 쉽다. 우리가 기름이라고 부르는 것이 바로 이 액체 상태의 트라이글리세리드이다(대부분 식물성 기름이다.). 포화 지방산은 밀착해서 포개져 있기 때문에 분리하는 데 더 많은 에너지가 필요하고 따라서 더 높은 온도에서 녹는다. 동물에서 얻는 트라이글리세리드는 포화 지방산 함유량이 기름보다 높아서 상온에서 고체이다. 우리가 지방이라고 부르는 것이 바로 이 고체 상태의 트라이글리세리드이다.

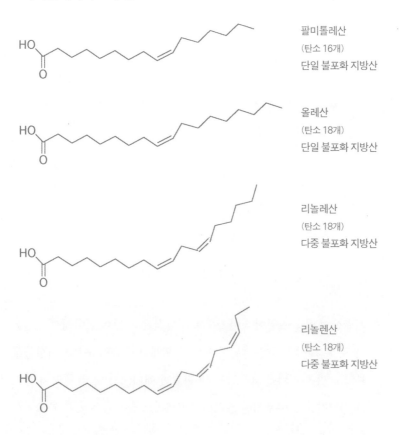

팔미톨레산
(탄소 16개)
단일 불포화 지방산

올레산
(탄소 18개)
단일 불포화 지방산

리놀레산
(탄소 18개)
다중 불포화 지방산

리놀렌산
(탄소 18개)
다중 불포화 지방산

흔히 볼 수 있는 불포화 지방산의 예를 들면 다음과 같다. 18개의 탄소를 포함하는 올레산은 단일 불포화 지방산이며 올리브유의 주요 지방산이다. 올레산은 올리브유에 가장 많이 들어 있다(올리브유 외의 다른 기름과 여러 지방에도 들어 있기는 하다.). 즉 올리브유는 어떤 기름보다 단일 불포화 지방산(올레산)을 많이 함유하고 있다. 올리브유에 들어 있는 올레산의 함량은 올리브유의 종류와 올리브의 생장 조건에 따라 55퍼센트에서 85퍼센트까지 다양하다. 추운 지역에서 자란 올리브는 따뜻한 지역에서 자란 올리브보다 올레산 함량이 더 높다.

포화 지방산이 많이 포함된 식단은 심장병을 유발할 수 있다는 유력한 증거가 있는데 실례로 지중해 지역은 다른 지역보다 심장병 발병률이 더 낮다(지중해 지역은 올리브유와 올레산을 많이 사용한다.). 다중 불포화 지방과 다중 불포화 기름은 혈중 콜레스테롤 농도를 낮추는 반면 포화 지방은 혈중 콜레스테롤 농도를 증가시키는 것으로 알려져 있다. 올레산 같은 단일 불포화 지방산은 혈중 콜레스테롤 농도에 대해 아무런 영향을 미치지 않는다.

심장병과 지방산의 상관 관계에 영향을 미치는 또 하나의 인자가 있다. 바로 HDL(고밀도 지질 단백질, high-density lipoprotein) 대 LDL(저밀도 지질 단백질, low-density lipoprotein)의 비율이다. 지질 단백질(lipoprotein)은 콜레스테롤, 단백질, 트라이글리세리드가 축적된 것으로 물에 녹지 않는다. 흔히 '유익한' 지질 단백질로 불리는 HDL은 세포에 콜레스테롤이 너무 많이 쌓이면 콜레스테롤을 간(콜레스테롤은 간에서 분해된다.)으로 돌려보내 여분의 콜레스테롤이 동맥벽에 쌓이는 것을 예방한다. '해로운' 지질 단백질로 불리는 LDL은 간이나 소장에 있는 콜레스테롤을 새로 생성되거나 자라나는 세포에게 전달한다. 이 기능은 우리 몸에 꼭 필요한 기능이지만 LDL 때문에 혈류에 콜레스테롤이 너무 많아지면 동맥벽에 콜레스테롤이 플라크(plaque)를 형성하며 쌓이게 돼 동맥벽이 좁아진다. 이런 상황에서 심장 근육에 도달하는 관상 동맥이 막히게 되면 혈류량이 줄어들고 피의 흐름이 나빠져 협심증과 심장 마비가 올 수 있다.

심장병에 걸릴 위험성을 진단하는 데 있어 HDL 대 LDL 비율도 콜레스테롤 수준 못지않게 중요하다. 다중 불포화 트라이글리세리드는 혈중 콜레스테롤 수준을 낮추는 긍정적인 효과가 있는 반면 HDL 대 LDL 비율을 낮추는 부정적인 효과도 갖고 있다. 올리브유와 같은 단일 불포화 트라이글리세리드는 혈중 콜레스테롤 수준을 낮추지는 않지만 HDL 대 LDL(유익한 지질 단백질 대 해로운 지질 단백질) 비율을 증가시킨다. 포화 지방산 중에 팔미트산(탄소가 16개)과 로르산(탄소가 12개)은 LDL 수준을 상당히 높게 올린다. 특히 팔미트산과 로르산이 많이 함유된 소위 열대유들(코코넛유, 팜유, 팜씨유)은 혈중 콜레스테롤 수준과 LDL 수준을 동시에 높이기 때문에 심장병의 원인으로 지목되고 있다.

올리브유가 우리 몸에 좋다는 것은 고대 지중해 사회 때부터 칭송되어 왔던 사실이고 올리브유를 먹으면 장수한다고 여겨져 왔지만 이런 생각을 뒷받침할 수 있는 화학적 지식은 없었다. 사실 먹을거리에 대한 주된 관심이 단지 충분한 칼로리를 확보할 수 있느냐 하는 문제에 국한되었던 시대에 혈중 콜레스테롤이니 HDL 대 LDL 비율이니 하는 것은 무의미한 이야기였을 것이다. 수세기 동안 북부 유럽 인구의 대다수는 주로 동물성 지방으로 트라이글리세리드를 섭취했으며 당시 기대 수명은 40년 이하였기 때문에 이런 사람들에게 동맥 경화는 아무런 문젯거리가 되지 않았다. 그러나 경제적으로 잘 살게 되면서 기대 수명이 늘어나고 섭취하는 포화 지방산량이 과도하게 늘어나면서 관상 동맥 심장 질환이 주요 사망 원인으로 부상하게 되었다.

올리브유가 고대 사회에서 중요하게 여겨졌던 또 하나의 화학적인 이유가 있다. 기름은 지방산의 탄소-탄소 이중 결합 개수가 증가할수록 산화하는 경향도 증가한다(썩게 된다.). 올리브유의 다중 불포화 지방산 비율은 다른 기름보다 매우 낮아(보통 10퍼센트 이하) 올리브유의 유통 기한은 (거의) 모든 기름 중에서 가장 길다. 게다가 올리브유는 소량의 폴리페놀과 비타민 E와 비타민 K를 함유하고 있는데 이 성분들은 천연 방부제로서 매우 중요한 역할을 하는 항산화 물질이다. 항산화 물질은 고온에서는 파괴되지만 올리브유를 추출할 때 전통적으로 사용되었던 저온 압축법에서는 파괴되지 않는다.

오늘날 올리브유의 안정성과 유통 기한을 높이기 위해 사용하는 방법 가운데 하나는 수소 첨가(hydrogenation)로 이중 결합의 일부를 제거하는 것이다. 수소 첨가란 불포화 지방산의 이중 결합에 수소 원자를 붙이는 공정이다. 수소 첨가 결과 고체의 트라이글리세리드가 만들어진다(기름을 마가린 같은 버터 대용품으로 변환하는 방법이다.). 하지만 수소 첨가 공정은 수소와 결합하지 않은 나머지 시스형 이중 결합들을 트랜스형 이중 결합으로 바꿔놓는다. 트랜스형이란 사슬상의 탄소 원자들이 이중 결합을 중심으로 서로 반대쪽에 위치하게 되는 것을 의미한다.

트랜스 지방산(trans-fatty acid)도 LDL 수준을 높이기는 하지만 포화 지방산만큼은 아닌 것으로 알려져 있다.

탄소 원자들이 이중 결합의
같은 쪽에 있다.

탄소 원자들이 이중 결합의
반대 쪽에 있다.

시스 이중 결합   트랜스 이중 결합

그리스 문명과 올리브나무

올리브유에 함유된 천연 방부제(항산화제)는 고대 그리스 기름 무역
업자들에게 특히 중요했을 것이다. 그리스 문명은 같은 언어, 같은 문
화, 같은 농업 경제 기반(밀, 보리, 포도, 무화과, 올리브 등을 재배한다.)을 공
유하는 도시 국가들이 느슨하게 결합된 연합체였다. 그리스 문명이
시작되고 수세기 동안 지중해 연안의 숲은 지금보다 더 우거졌으며
토지는 더 비옥했으며 샘에서 나오는 물은 더 풍부했다. 인구가 증가
하면서 농작물 경작지는 작은 계곡에서 해안가 산지로 넓혀졌다. 올
리브나무는 돌이 많고 가파른 산지에서도 잘 자라고 가뭄에도 잘 견
뎠기 때문에 점점 더 소중해졌다. 올리브유는 수출 상품으로서 훨씬
더 중요한 가치를 지니게 되어 기원전 6세기, 아테네의 솔론은 허락
없이 올리브나무를 벌목하는 것을 금지하는 엄격한 법을 제정하고 올
리브유를 수출할 수 있는 유일한 농산품으로 지정했다. 그 결과 해안
가의 삼림이 잘려 나가고 올리브나무 숲으로 대체되었으며 곡물이 자
라던 곳에도 올리브나무가 들어서게 되었다.

올리브유의 경제적 가치는 곧 분명해져 그리스의 도시 국가들은 상업의 중심지로 부상했다. 돛과 노를 갖춘 거대 상선이 건조되어 수많은 올리브유 항아리를 지중해 전역 구석구석까지 날라 주고 금속, 향료, 천 등을 비롯한 기타 상품들을 갖고 돌아왔다. 무역의 뒤를 이어 식민지화가 진행되어 기원전 6세기 말, 그리스 문명은 에게 해를 중심으로 서쪽으로는 이탈리아, 시칠리아, 프랑스, 발레아레스 제도, 동쪽으로는 흑해, 남쪽으로는 리비아 연안까지 이르렀다.

하지만 올리브유 생산을 늘리기 위해 솔론이 지시한 방법(삼림 벌목, 올리브나무 단일 재배)은 환경에 너무나 큰 영향을 미쳐 오늘날까지도 그 후유증을 남겼다. 삼림과 곡물(삼림이 잘려나가기 전만 해도, 곡물을 심을 때만 해도)은 지표 토양에 뿌리를 뻗어 토양이 유실되는 것을 막았다. 하지만 올리브나무는 곧고 긴 뿌리로 지표 밑 깊은 곳에 있는 지하수를 빨아들이기 때문에 표토의 유실을 막는 역할을 하지 못했다. 샘은 점점 말라 갔고 표토는 씻겨 내려갔으며 땅은 침식되었다. 한때 곡물이 자랐던 밭과 포도가 자랐던 비탈은 더 이상 곡물과 포도가 자랄 수 없게 되었다. 가축도 귀해졌다. 그리스에는 올리브유가 넘쳐났지만 점점 더 많은 식료품을 수입해야만 했다(수입에 의존해서는 큰 제국을 유지할 수가 없다.). 고대 그리스가 쇠락한 이유는 많겠지만(도시 국가 간의 전쟁 중에 벌어진 내부 투쟁, 수십 년간의 전쟁, 뛰어난 리더십의 부족, 종교적 전통의 붕괴, 외국의 침략), 우리는 여기에 올리브유 수출과 맞바꾼 소중한 경작지의 손실을 그 이유로 하나 더 추가할 수 있을 것 같다.

찰스 1세를 처형시킨 비누

올리브유는 고대 그리스 몰락의 한 이유였는지도 모른다. 반면, 8세기경 올리브유로 만든 비누가 유럽 사회에 소개되었는데 어쩌면 유럽 사회에서는 올리브유보다 올리브 비누가 훨씬 더 큰 영향을 미쳤는지도 모른다. 오늘날 비누는, 비누가 인류 문명에서 얼마나 중요한 역할을 했는지 아무도 신경 쓰지 않을 정도로 흔한 물건이다. 잠시만 비누(또는 세제, 샴푸, 가루비누 등)가 없는 생활을 상상해 보자. 우리는 비누의 세척력을 당연한 것으로 여기지만 비누의 세척력이 없었다면 인구 100만이 넘는 오늘날과 같은 대도시는 존재할 수 없었을 것이다. 비누가 없다면 우리는 먼지와 질병의 위협을 받을 뿐만 아니라 생계 자체가 불가능할 것이다. 오늘날의 대도시보다 인구 밀도가 훨씬 낮았던 중세 마을이 단지 비누가 없다는 이유만으로 더럽고 불결했다고 할 수는 없겠지만 비누 없이 청결을 유지하기란 매우 힘든 일이다.

인류는 오래전부터 일부 식물들의 세척력을 이용해 왔다. 이런 식물들은 사포닌류, 즉 배당체류(당을 함유하는 물질)를 함유하고 있다. 러셀 마커는 사포닌에서 사포게닌(sapogenins)을 추출했고(피임약이 사포게닌을 기반으로 만들어졌다.) 약초술사나 마녀로 고발당한 여성들은 다이곡신 같은 강심배당체류를 치료에 사용했다. 소프워트(soapwort), 소프베리(soapberry), 소프 릴리(soap lily), 소프 바크(soap bark), 소프위드(soapweed), 소프루트(soaproot) 같은 식물 이름을 보면 사포닌을 함유한 다양한 식물들이 공통으로 갖고 있는 특성들을 짐작할 수 있다. 사포닌 함유 식물들로는 백합과 식물, 고사리, 석죽과 식물, 유카과 식

사르사사포닌(사르사파릴라에서 나온 사포닌)

물, 루타 속 식물, 아카시아 속 식물, 무환자나무속 식물(*Sapindus*) 등이 있다. 이 식물 가운데 일부에서 추출된 사포닌류는 지금도 섬세한 천을 세탁하거나 머리를 감는 데 사용되고 있다. 이 사포닌들은 매우 미세한 거품을 만들어 내며 세척 효과도 순하다.

비누 제조 공정은 우연히 발견되었을 확률이 매우 높다. 누군가 장작불로 요리하다가 음식에서 배어 나온 지방이나 기름이 재에 떨어진 것을 물에 녹이면 풍부한 거품이 형성된다는 사실을 알아차렸을 것이다. 오래지 않아 이 물질이 유용한 세제라는 사실과 지방과 기름과 나뭇재를 사용하면 원하는 대로 이 물질을 만들 수 있다는 사실도 깨닫게 되었을 것이다. 수많은 문명에서 비누를 제조했던 증거가 나오는 것으로 보아 비누 제조 공정이 이런 식으로 전 세계 곳곳에서 발견되었던 것이 확실하다. 바빌로니아 시대(거의 5000년 전) 유적에서 발굴된 진흙 원통에는 비누와 비누 제조법이 들어 있었다. 기원전 1500년경부터 작성된 이집트의 기록을 봐도 지방과 나뭇재로 비누를 만들었다는 이야기가 나오고 이후 수세기에 걸쳐 섬유 산업과 염색 산업에서 비누를 사용했다는 언급이 나온다. 골 족은 염소젖의 지방과 잿물로 만든 비누를 사용해 머리카락을 밝게 하거나 붉게 물들였다고 하며 머리카락을 뻣뻣하게 할 때도 비누를 일종의 포마드(pomade)로 사용했다고 한다(초기의 헤어젤인 셈이다.). 켈트 족도 비누 제조법을 발견하게 되어 목욕이나 빨래에 비누를 사용한 것으로 보인다.

　로마의 전설에 따르면 비누 제조법을 발견한 사람은 사포 산의 사원에서 발원한 테베레 강 하류에서 옷을 빨던 여성들이라고 한다. 아마도 사원에서 번제로 바친 동물의 지방이 장작불의 재와 결합되어 있다가 비가 왔을 때 산 아래로 흘러 내려가면서 시냇물에 녹아 테베레 강과 합류되었을 것이고 강 하류에 있던 로마의 여자 세탁부들은 이 비눗물로 빨래를 했을 것이다. 트라이글리세리드(지방과 기름)와 알칼리류 사이에 일어나는 반응을 화학 용어로 '비누화(saponification)'라고 하는데 비누화라는 말은 사포 산에서 유래한 것이다(여러 언어에서 비누라는 말이 사포 산에서 유래되었음을 볼 수 있듯이).

　비누가 로마 시대에 만들어지기는 했지만 당시 비누의 주된 용도는 빨래였다. 고대 그리스 인들과 마찬가지로 로마 인들의 일반적인 개인 위생법은 올리브유와 모래를 혼합해 몸에 발라 문지른 다음 스트리질(strigil)이라는 기구로 긁어서 벗겨내는 것이었다. 이 방법으로 기름기, 때, 죽은 피부가 제거되었다. 비누는 로마 시대 후기에 수세기에 걸쳐 점진적으로 목욕에 사용되었다. 비누와 비누 제조는 대중탕과 깊은 관련이 있었을 것이다(대중탕은 로마 제국 곳곳에 생긴 도시에서 흔히 볼 수 있었다.). 로마 제국이 몰락하면서 서구의 비누 제조와 비누 사용도 함께 수그러든 것 같다(비잔틴 제국과 아랍 세계에서는 여전히 비누가 제조되고 사용되었지만).

　8세기, 스페인과 프랑스에서 올리브유를 사용한 비누 제조 기술이 부활되었다. 스페인의 지명, 카스티야(Castile)에서 이름을 딴 카스티야 비누는 품질이 매우 뛰어나고 순도가 높고 흰색에 윤이 났다. 카스티야 비누는 유럽의 다른 지역으로 수출되기 시작해 13세기, 스페인과 프랑스 남부는 카스티야 비누로 유명해졌다. 유럽 북부에서는 동물성 지방이나 어유(魚油)로 비누를 만들었는데 이 비누는 품질이 나빠 주로 직물 세탁에 사용되었다.

　비누화(비누가 만들어지는 화학 반응)라는 것은 수산화칼륨(KOH)이나 수산화나트륨(NaOH) 같은 알칼리(염기)를 이용해서 트라이글리세리드를 원래의 구성 성분인 지방산과 글리세롤로 분해하는 반응이다.

올레산으로 구성된 트라이글리세리드 분자의 비누화 반응. 글리세롤과 3개의 비누 분자를 형성한다.

나트륨 비누는 단단하지만 칼륨으로 만든 비누는 무르다. 알칼리를 가장 쉽게 얻을 수 있는 것이 장작이나 이탄(泥炭)을 태우고 남은 재였기 때문에 처음 만들어진 대부분의 비누는 칼륨 비누였을 것이다. 나뭇재를 뜻하는 potash는 글자 그대로 아궁이(pot)에서 나온 재(ash)라는 의미인데 주성분은 탄산칼륨(K_2CO_3)이다. 탄산칼륨이 물에 녹으면 중알칼리 용액이 된다. 나뭇재 대신 소다회(무수탄산나트륨, Na_2CO_3)를 사용하면 단단한 비누가 만들어진다. 다시마와 기타 해초 채집이 주된 수입원이었던 일부 해안 지역(특히 스코틀랜드와 아일랜드)에서는 다시마나 해초를 불에 태워 소다회를 만들었다(소다회도 물에 녹으면 알칼리 용액이 된다.).

　로마 제국의 몰락과 함께 목욕하는 습관은 유럽에서 자취를 감추었다(중세 시대 후반까지 대중탕은 여전히 존재했고 많은 도시에서 대중탕이 애용되기는 했다.). 14세기부터 유행하기 시작한 흑사병 기간 동안, 각 도시의 행정 당국은 대중탕 때문에 흑사병이 확산되는 것이 두려워 대중탕을 폐쇄하기 시작했다. 16세기, 목욕은 시대에 뒤진 정도가 아니라 위험하고 죄스러운 것으로 간주되었다. 형편이 되는 사람들은 향수나 방향 물질을 많이 뿌려 몸에서 나는 냄새를 가렸다. 목욕하는 집은 거의 없었다. 1년에 한 번 목욕하는 것이 보통이라 씻지 않은 몸에서 나는 악취는 몹시 지독했을 것이다. 이 기간 중에도 여전히 비누의 수요가 있었다. 부자들은 비누를 사용해서 옷과 리넨류를 빨아 입었다. 비누는 깊은 냄비와 납작한 냄비, 접시와 식기류, 마루, 조리대 등을 씻을 때 사용되었다. 손(아마 얼굴도)을 씻을 때에도 비누를 사용했다. 사람들이 눈살을 찌푸렸던 것은 온몸을 씻는 것, 특히 옷을 다 벗고 하는 목욕이었다.

14세기, 영국에서 비누가 상업적으로 제조되기 시작했다. 유럽 북부에서 만들어진 대부분의 비누가 그랬던 것처럼 상업용 비누도 우지에서 만들어졌다. 우지의 지방산은 약 48퍼센트, 사람의 지방산은 약 46퍼센트가 올레산으로 동물성 지방 가운데 우지와 사람의 지방이 올레산 함량이 가장 높다. 다른 동물성 지방과 비교해 보면, 버터의 지방산은 27퍼센트가, 고래기름은 약 35퍼센트가 올레산이다. 1628년, 영국의 찰스 1세가 왕위에 올랐을 때 비누 제조는 중요한 산업이었다. 세원 확보가 절실했던(의회는 세금을 올리자는 찰스 1세의 제안을 승인하지 않았다.) 찰스 1세는 비누 제조업자들에게 비누 제조 독점권을 팔았다. 독점권을 사지 못해 생계를 잃어버린 비누 제조업자들은 이에 격분하여 의회를 지지했다. 비누는 이렇게 해서 영국 내전(1642~1652년)이 일어나 찰스 1세가 처형당하고 영국 역사에서 유일한 공화국이 탄생하게 되었던 원인 중의 하나로 거론되었다. 사실 비누 제조업자들의 지지가 중요한 요소였다기보다는 세금, 종교, 외교 정책에 대한 왕과 의회 사이의 의견 차이가 원인이었을 가능성이 더 크기 때문에 비누가 원인이라는 주장은 다소 억지스러울 수도 있겠다. 여하튼 찰스 1세를 처형한 것은 결과적으로 비누 제조업자들에게 득이 되지 않았다. 새로 들어선 청교도 정권은 세면 용품을 포함한 화장품을 천박한 것으로 여겼고 청교도 정권의 지도자였던 호민관 올리버 크롬웰은 비누에 무거운 세금을 매겼다.

비누는 19세기 후반 들어 뚜렷해진 영국의 유아 사망률 감소에 기여했다고 볼 수 있다. 18세기 후반, 산업 혁명이 시작되면서 사람들은 공장의 일자리를 찾아 도시로 모여들기 시작했다. 도시 인구가 급증하자 빈민굴이 형성되었다. 사람들이 도시에 오기 전 시골에 있을 때에는 주로 집에서 비누를 만들어 썼다. 가축을 도살할 때 나온 우지나 지방을 모아 두었다가 간밤에 생긴 재와 섞으면 거칠지만 저렴한 비누가 만들어졌다. 도시 거주자들은 지방을 구할 적당한 방법이 없었다. 우지는 돈을 주고 사야 했지만 비누 만드는 데 우지를 쓰기에는 값이 너무 비싸고 나뭇재도 시골보다 구하기 힘들었다. 도시 빈민들은 연료로 석탄을 사용했다. 여기서 나오는 소량의 석탄재는 지방을 비누화하는 데 필요한 알칼리 제조에 적당하지 않았다. 비누 제조에 필요한 재료가 마련됐다고 해도 공장 노동자들의 주거지는 기껏해야 기본적인 부엌살림만 갖췄을 뿐 비누를 만들 수 있는 장소나 도구가 없었다. 따라서 가정에서는 더 이상 비누를 만들어 쓰지 않게 되었다.

결국 비누를 사서 쓰는 방법밖에 없었는데 이것은 일반 공장 노동자들의 수입으로는 불가능한 일이었다. 안 그래도 낮은 위생 수준은 더 낮아졌고 불결한 생활 환경은 높은 유아 사망률로 이어졌다.

그런데 18세기 후반, 프랑스 화학자 니콜라 르블랑이 소금으로 소다회를 만들어 내는 효율적인 방법을 찾아냈다. 소다회 생산 비용이 내려가고 가용할 수 있는 지방이 늘어나고 비누에 매겨진 모든 세금들이 1853년 면제됨에 따라 비누 가격이 저렴해져 누구나 비누를 쓸 수 있게 되었다. 이 시기를 기점으로 유아 사망률이 내려갈 수 있었던 것은 비누와 물의 뛰어난 세척력 덕분이었다(세척력의 원리는 간단하다.).

비누 분자가 세척력을 지니는 이유는 비누 분자의 한쪽 끝은 전하를 띠고 물에 녹지만 다른 한쪽 끝은 물에 녹지 않고 유지, 기름, 지방

같은 물질에 녹기 때문이다. 비누 분자의 구조는 다음과 같다.

스테아르산나트륨 분자(우지로 만든 비누)

그리고 다음과 같이 나타낼 수도 있다.

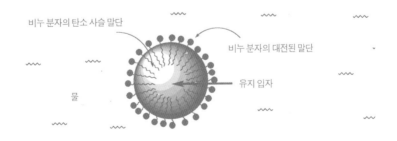

다음 그림은 비누 분자의 탄소 사슬 말단이 기름 입자를 관통해서 마이셀(micelle)이라는 집합체를 형성하고 있는 모습이다. 비누 마이셀의 바깥쪽에는 음(-)으로 대전된 비누 분자의 말단들이 있기 때문에 비누 마이셀끼리는 서로 척력이 작용하며 마이셀이 물에 씻겨 나갈

물 속에 있는 비누 마이셀. 비누 분자의 대전된 말단은 물 속에 있고 탄소 사슬 말단은 기름 속에 있다.

때 기름 입자를 함께 갖고 나간다.

비누는 수천년 전부터 만들어졌고 수백 년 전부터 상업적으로 제조되었지만 비누가 형성되는 화학적 원리가 밝혀진 것은 근래의 일이다. 비누는 전혀 연관성이 없어 보이는 다양한 물질(올리브유, 우지, 팜유, 고래기름, 돼지비계)로부터 만들어졌다. 19세기 초, 이 물질들의 화학구조가 밝혀지면서 이 물질들이 트라이글리세리드 구조를 공통으로 갖고 있음을 알게 되었다. 비누 산업은 19세기 중반을 넘어서야 자리잡게 되었다. 목욕을 대하는 사회적인 태도가 바뀌고 노동자 계급이 점점 경제적으로 부유해지고 질병과 청결 간의 관계가 이해됨에 따라 비누는 일상생활의 필수품이 되었다. 올리브유가 아닌 지방과 기름으로 만들어진 좋은 화장 비누가 등장하면서 카스티야 비누(올리브유로 만든 비누)가 오랜 기간 동안 쌓아 온 패권에 도전장을 내밀게 되었다. 그렇지만 거의 1000년 동안 개인 위생 수준을 어느 정도 유지할 수 있었던 것은 카스티야 비누, 즉 올리브 비누 덕분이었다.

오늘날 올리브유는 일반적으로 심장 건강에 좋은 물질이자 음식에 향미를 더하는 물질로 알려져 있다. 하지만 올리브유 때문에 비누 제조의 명맥이 이어질 수 있었고 중세 시대에 청결을 유지하며 질병과 싸울 수 있었다는 사실을 아는 사람은 드물다. 고대 그리스 인들은 올리브유가 가져다준 부 덕분에 우리가 오늘날에도 높이 평가하는 그리스 문명의 이상(민주주의와 자치의 개념, 철학, 논리, 최초의 이성적 질문, 과학적이고 수학적인 연구, 교육, 예술)을 발달시킬 수 있었다.

수많은 그리스 시민들은 그리스 사회의 경제적 풍요로 말미암아 재판과 엄격한 토론과 정치적 선택에 참여할 수 있었으며 자신들의 삶에 영향을 미치는 중요한 결정들에도 참여했다(당시에는 남성만 이런 결정에 참여할 수 있었다. 여성과 노예는 시민이 아니었다.). 그리스의 경제적 번영은 대부분 올리브유 수출에서 온 것이다(경제적 번영의 뒤를 이어 교육과 시민 참여가 따라왔다.). 올레산이라는 트라이글리세리드가 없었다면 오늘날 민주 사회의 기틀을 형성한 것으로 여겨지는 그리스의 영광은 불가능했을 것이다.

금보다 귀중했던 분자, 소금

소금(염화나트륨, NaCl)의 역사는 인류 문명의 역사와 궤를 같이 한다. 소금은 아주 귀하고 꼭 필요하고 매우 중요해서 세계 무역뿐만 아니라 경제 제제, 독점, 전쟁, 도시의 성장, 사회·정치 제도, 산업 발달, 인구의 이동 등에서 매우 중요한 역할을 담당했다. 오늘날 소금은 수수께끼 같은 물질이다. 소금은 우리 삶에 꼭 필요하지만(소금이 없으면 죽는다.), 소금을 많이 섭취해도 죽을 수 있으니 소금 섭취량에 주의하라는 이야기를 듣는다. 소금은 싸다(우리는 소금을 대량으로 생산하고 소비한다.). 하지만 유사 이전은 물론 대부분의 역사에서 소금은 매우 귀하고 비싼 상품이었다. 19세기 초의 사람이 오늘날 겨울만 되면 얼음을 녹이기 위해 소금을 뿌린다는 이야기를 들으면 도저히 믿지 못할 것이다. 화학자들의 노력으로 가격이 떨어진 분자들이 많다. 가격이 떨어진 이유로는 실험실과 공장에서 화합물을 합성할 수 있게 된 경우(아스코르브산, 고무, 인디고, 페니실린)도 있고 우리가 만든 인공 대체 물질이 천연 물질의 특성과 매우 유사해서 천연 물질이 덜 중요하게 된 경우(직물, 플라스틱, 아닐린 염료)도 있다. 식품 보존을 위해 새로운 화학 물질(냉각제)을 쓸 수 있게 된 덕분에 우리는 더 이상 향신료 분자들을 고가로 사지 않아도 된다. 살충제, 비료 같은 화학 물질들은 농작물의 생산량을 증대시켜 포도당, 셀룰로오스, 니코틴, 카페인, 올레산 같은 분자들의 공급을 증가시켰다. 하지만 이 모든 화합물 가운데 소금만큼 그 생산량이 급격하게 늘어남과 동시에 가격이 급격하게 하락한 물질은 없을 것이다.

하얀 황금, 소금

인류는 역사 기간 내내 소금을 채취하거나 생산해 왔다. 소금을 생산하는 주요 방법 세 가지(바닷물 증발, 염천 가열, 암염 채굴)는 고대부터 지금까지도 사용되고 있다. 바닷물을 태양열로 증발시키는 방법은 열대 해안 지역에서 소금(천일염)을 생산하는 가장 보편적인 방법이다. 이 방법은 시간이 많이 걸리지만 생산 원가가 싸다. 그렇지만 처음부터 바닷물을 태양열로 증발시켰던 것은 아니다. 원래는 불붙은 석탄 위에 바닷물을 뿌려 불이 꺼지면 석탄 위의 소금을 긁어냈다. 해안가에 바위로 이뤄진 호수가 있는 경우에는 호수의 암벽에서 많은 소금을 긁어낼 수 있었다. 조수가 있는 곳에서는 인공적으로 만든 얕은 호수, 즉 '염전(鹽田)'을 바닷물로 채워 훨씬 더 많은 소금을 생산

할 수 있었다.

바닷물에서 얻은 소금은 염천(鹽泉, 농도가 매우 높은 소금물로 이루어진 지하수가 솟아오르는 곳. 종종 바닷물 농도의 10배가 넘는 경우도 있다.)에서 얻은 소금이나 암염보다 품질이 많이 떨어진다. 바닷물의 염류 농도는 약 3.5퍼센트지만 실제로는 염류의 3분의 2만 염화나트륨(NaCl)이고 3분의 1은 염화마그네슘($MgCl_2$)과 염화칼슘($CaCl_2$)의 혼합물이다. 염화마그네슘과 염화칼슘은 염화나트륨보다 물에 더 잘 녹고 함유량이 적기 때문에 바닷물을 결정화하면 NaCl이 가장 먼저 분리된다. 이때 나머지 용액을 버리면 대부분의 $MgCl_2$와 $CaCl_2$는 제거된다. 하지만 이렇게 결정화할 때 일부 $MgCl_2$와 $CaCl_2$가 섞여 들어오기 때문에 바닷물로 만든 소금은 쓴맛이 난다. 염화마그네슘과 염화칼슘은 조해성(潮解性)이 있다. 조해성이란 공기 중의 수분을 흡수하는 성질을 말한다. 조해가 일어나면 염화마그네슘과 염화칼슘을 함유한 소금은 덩어리를 이루며 굳는다.

바닷물을 증발시켜 소금을 얻는 방법은 덥고 건조한 지방에서 가장 효율적으로 소금을 얻을 수 있는 방법이다. 반면 염천을 이용하는 것은 기후와 상관없이 소금을 얻을 수 있는 방법이다(염천수를 끓이는 데 쓸 나무가 염천 주위에 충분하다면). 소금 생산을 위해 나무 수요가 늘어나자 유럽 곳곳의 삼림이 남벌(濫伐)되었다. 바닷소금인 천일염과 달리 염천염은 식품 보존 효과를 떨어뜨리는 염화마그네슘과 염화칼슘이 없기 때문에 천일염보다 선호되고 가격도 더 비쌌다.

암염(巖鹽, 지하에서 광물 형태로 발견되는 소금)은 전 세계 여러 지역에서 발견되고 있다. 암염은 대양이나 바다가 수세기 동안 말라 형성된 것으로 특히 지표면 근처의 암염은 수세기 전부터 채굴되기 시작했다. 하지만 소금은 워낙 귀한 나머지 이보다 훨씬 이른 철기 시대에 이미 유럽 인들은 암염을 캐기 위해 깊은 수갱과 수킬로미터에 달하는 터널을 뚫었고 그 당시 암염을 채취한 자리는 오늘날 거대한 동굴로 남았다. 이들 소금 광산 주변에 사람들이 정착하기 시작하면서 마을과 도시가 형성되었고 이런 마을과 도시는 소금 경제로 부를 축적했다.

소금 제조나 소금 채취는 중세 시대 내내 유럽 곳곳에서 중요하게 여겨졌다. 소금은 너무나 귀해 "하얀 황금"으로 불렸다. 수세기 동안 향료 무역의 중심지였던 베네치아는 초기에 석호에서 추출한 소금으로 지역 경제를 발전시켰다. 잘츠부르크, 할레, 할슈타트, 할라인, 라살, 모젤 같은 유럽의 수많은 강 이름, 마을 이름, 도시 이름은 소금 채취나 소금 제조와 관련된 것들이다(hals는 소금을 뜻하는 그리스 어이고 sal은 소금을 뜻하는 라틴 어이다.). 터키 해안 지방에는 투즐라(Tuzla)나 투즐라 비슷한 이름을 지닌 마을이 많다. 투즐라는 소금을 뜻하는 터키 어 투즈(tuz)에서 온 이름이다. 투즐라라는 마을 이름은 보스니아헤르체고비나의 소금 생산 지역에서도 볼 수 있다.

과거 소금 채취나 소금 제조로 돈을 벌어들인 마을들은 오늘날 관광 산업을 통해 부를 창출하고 있다. 오스트리아 잘츠부르크에 있는 소금 광산들은 오늘날 주요 관광 자원이 되었다. 폴란드의 크라코프 인근의 비엘리치카는 소금 채굴로 만들어진 거대한 동굴에 댄스홀, 예배당, 소금으로 된 성스러운 조각상, 지하 호수 등을 만들어 놓고 수천 명의 관광객들을 유치하고 있다. 세계에서 가장 큰 염전, 볼리비아의 살라 데 우유니 근처에는 관광객들이 묵을 수 있는, 100퍼센트

볼리비아의 살라 데 우유니 근처에 있는 소금 호텔(사진 제공 Peter Le Couteur)

소금으로 지은 호텔이 있다.

나폴레옹과 소금

고대 문명의 기록을 보면 소금은 아주 이른 시기부터 교역 상품이었다는 것을 알 수 있다. 고대 이집트 인들은 소금을 얻고자 교역을 했다(소금은 미라를 만들 때 꼭 필요한 물질이었다.). 그리스 역사가 헤로도토스는 기원전 425년, 리비아의 사막에 있는 소금 광산을 방문했다는 기록을 남겼다. 에티오피아 다나킬 지역의 거대한 소금 평원에서 채취된 소금은 로마와 아랍과 인도까지 수출되었다. 로마 인들은 테베레 강 어귀, 오스티아 해변에 거대한 제염소를 지었고 기원전 600년경, 소금길이라는 뜻의 비아 살라리아(Via Salaria) 도로를 건설해 오스티아 해변에서 로마까지 소금을 수송했다. 지금도 로마의 주요 간선 도로 중에는 비아 살라리아라는 도로가 있다. 로마 인들은 오스티아 제염소에 땔감을 공급하기 위해 삼림을 남벌했고 비가 오자 삼림 남벌로 인한 토양 침식으로 테베레 강에 퇴적물이 쌓여 강어귀 삼각주의 확장이 가속화되었다. 이렇게 수세기가 흐르자 오스티아 제염소는 해안에서 점점 멀어지게 되었고 다시 제염소를 해안선으로 원위치시켜야 하는 사건이 발생했다. 이 사건은 인류의 산업 활동이 환경에 어떤 영향을 미치는지를 보여 주는 최초의 사례 가운데 하나로 인용되고는 한다.

소금은 세계 여러 삼각 무역들 가운데 하나를 형성하는 기반이 되었으며 동시에 이슬람 문명을 아프리카 서해안으로 전파하는 데 기여했다. 극심하게 건조하고 황폐한 사하라 사막은 수세기 동안 지중해에 면한 북아프리카와 아프리카 중남부 국가 사이를 가로막던 장벽이었다. 사하라 사막에는 방대한 양의 소금이 묻혀 있었지만 사하라 사막 남쪽에 있는 국가들은 소금이 매우 귀했다. 8세기, 북아프리카 베르베르 인 상인들은 곡물, 말린 과일, 직물, 기구 등을 주고 사하라 사막(오늘날의 말리와 모리타니아)의 거대한 소금 광산에서 캐낸 암염판을 받는 물물 교역을 시작했다. 말리와 모리타니아의 소금 광산 지역 주변에 생성되고 발전한 테그하자('소금 도시'라는 뜻이다.) 같은 도시들은 소금이 너무 풍부한 나머지 도시 전체가 소금으로 지어졌다. 베르베르 상인들은 한 번에 수천 마리의 낙타에 암염판을 싣고 사하라 사막 남쪽 끝에 위치한 팀북투에 도착했다. 니제르 강 지류에 접한 작은 야영지였던 팀북투는 14세기 교역의 중심지가 되어 사하라에서 나온 소금과 서아프리카에서 나온 황금이 그곳에서 교환되었다. 베르베르인 상인들이 소개한 이슬람 문명도 팀북투를 기점으로 퍼져 나갔다. 16세기, 팀북투에 영향력 있는 이슬람 대학교, 거대한 모스크와 탑, 장엄한 이슬람 궁전 등이 들어서면서 팀북투는 전성기를 맞이한다. 베르베르 인 대상들은 팀북투에서 황금, 노예, 상아 등을 싣고 지중해에 면한 모로코로 돌아오거나 유럽으로 진출했다. 수세기 동안 수많은 황금이 사하라 사막의 황금 및 소금 교역로를 통해 유럽으로 건너갔다.

유럽에서 소금 수요가 늘어나면서 사하라의 소금도 유럽으로 건너갔다. 바다에서 갓 잡은 생선은 빨리 저장하지 않으면 쉽게 상한다. 해상에서 훈제나 건조는 거의 불가능했지만 염장은 가능했다. 발트 해와 북해에 풍부한 청어, 대구 등은 14세기 이래 지금까지도 해상과 인근 항구에서 절여져 유럽 전역으로 팔려 나가고 있다(그 수는 헤아릴 수조차 없다.). 14~15세기, 발트 해 연안 국가들 간의 교역(소금에 절인 생선을 비롯한 거의 모든 품목)은 한자 동맹(Hanseatic League, 북부 독일 마을의 연합체)이 통제했다.

북해 무역은 원래 네덜란드와 영국 동해안 중심으로 이루어지다가, 소금 덕분에 갓 잡은 생선을 신선하게 보존할 수 있게 되면서 어선들은 훨씬 더 먼 바다까지 조업을 나갈 수 있게 되었다. 15세기 말, 영국, 프랑스, 네덜란드, 스페인의 바스크 지역, 포르투갈 등 유럽 각국의 어선들은 뉴펀들랜드 근해의 그랜드뱅크까지 정기적인 조업을 나갔다. 이로부터 4세기 동안, 북대서양 그랜드뱅크에서는 엄청난 양의 대구들이 잡혀 씻겨지고 염장되어 항구로 수송되었다. 대구는 무한정 공급될 수 있을 것 같았다. 유감스럽게도, 사실은 그렇지 못했다. 1990년대, 그랜드뱅크의 대구는 멸종 위기에 직면했다. 1992년, 캐나다가 대구잡이에 대한 모라토리엄(moratorium, 일시 중지)을 발의했고 대부분의 전통적인 어업 국가들은 이 모라토리엄을 준수하고 있다.

소금을 원하는 수요가 워낙 높다 보니 소금은 종종 교역 대상이라기보다 전리품으로 여겨졌다. 고대, 흑해 주변의 정착촌들은 귀한 소금을 확보하려는 침략자들의 공격을 받았다. 중세 시대, 베네치아는 소중한 소금 독점권을 주위의 연안 도시들이 위협하자 그들과 전쟁을 벌였다. 적군에게 공급되는 소금을 중간에서 가로채는 것은 훌륭한 병법으로 여겨진 지 오래이다. 미국 독립 혁명 기간의 소금 부족은 유럽과 서인도에서 미국으로 들어오는 소금을 영국이 막은 데서 비롯되었다. 영국이 식민지 주민들을 강하게 통제하고자 뉴저지 해안 제염소를 폐쇄하고 수입되는 소금에 높은 가격을 매겼던 것이다. 미국 남북 전쟁 기간 중이던 1864년, 북군이 버지니아 주 솔트빌을 점령한 사건은 그 지역 주민들의 사기를 떨어뜨리고 남군을 물리칠 수 있었던 중요한 계기가 되었다.

1812년 나폴레옹 군대의 모스크바 퇴각 당시, 나폴레옹 병사들은 소금 섭취 부족으로 전쟁에서 입은 상처가 아물지 못해 수천 명이 사망했을 거라는 의견이 제기되고 있다. 이 상황에서 아스코르브산 결핍(과 이어지는 괴혈병의 발병) 또한 소금 결핍만큼 치명적이었을 것이다. 여기에 주석과 리세르그산 유도체까지 겹쳐 나폴레옹의 꿈은 끝내 좌절되고 말았는지도 모른다.

짠맛의 화학적 구조

암염은 다른 미네랄(광물질)보다 물에 훨씬 잘 녹아서 찬물 100그램당 약 36그램이 녹는다. 즉 암염의 용해도는 36이다. 생명은 대양에서 진화했고 소금은 우리 생명에 필수적이기 때문에 소금의 용해성이 없었다면 생명도 존재할 수 없었을 것이다.

1887년, 스웨덴 화학자 스반테 아우구스트 아레니우스는 소금 및 소금 용액의 구조와 특성을 설명하면서 '(+)와 (-)의 전하로 대전된 이온(ion)' 개념을 최초로 제안했다. 아레니우스 이전의 과학자들은 1세기 이상 동안, 소금 용액의 특이한 성질(전류를 전달하는 능력)을 해명해내지 못하고 있었다. 빗물은 전류가 통하지 않지만 식염수나 기타 염류 용액들은 전류를 잘 통과시킨다. 아레니우스의 이론은 이런 염류 용액의 전도성을 설명할 수 있었다(아레니우스는 용액에 녹는 소금의 양이 증가할수록 전류를 나르는 데 필요한 대전된 무엇, 즉 이온의 농도가 올라감을 실험으로 증명했다.).

또한 아레니우스의 이온 개념은 서로 다른 구조를 갖고 있는 것으로 보이는 산이 비슷한 특성들을 공유하는 이유를 설명했다(모든 산은 물에 녹으면 수소 이온(H^+)을 생성하는데 바로 이 수소 이온 때문에 산성 용액은 신맛이 나고 화학 반응이 일어난다.). 동시대의 많은 보수적인 화학자들은 아레니우스의 개념을 받아들이지 않았지만 아레니우스는 이온 모델의 타당함을 확고하게 밀고나가면서 칭찬받을 만한 인내와 외교적 수완을 보여 주었다. 마침내 아레니우스를 비판했던 사람들도 아레니우스의 개념을 인정하기에 이르렀다. 1903년, 아레니우스는 전리(電離,

electrolytic dissociation) 이론으로 노벨 화학상을 수상했다.

아레니우스가 전리 이론으로 노벨 화학상을 수상할 무렵, 이온 형성 과정에 대한 이론과 실증적 증거가 발표되었다. 1897년, 영국의 물리학자 조지프 존 톰슨은 모든 원자는 전자(음으로 대전된 기본 입자)를 포함하고 있음을 증명했다. 전자는 1833년, 마이클 패러데이가 처음 제안한 개념이었다. 원자가 하나 이상의 전자를 잃으면 원자는 양으로 대전된 이온이 되고, 하나 이상의 전자를 얻으면 음으로 대전된 이온이 된다.

고체 염화나트륨은 두 가지 이온(양으로 대전된 나트륨 이온과 음으로 대전된 염화 이온)의 규칙적인 배열로 이루어져 있고 나트륨 이온과 염화 이온은 양전하와 음전하 사이의 강한 인력으로 결합되어 있다.

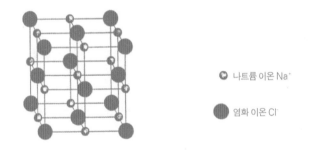

◐ 나트륨 이온 Na⁺

● 염화 이온 Cl⁻

고체 염화나트륨의 3차원 구조. 이온을 연결하고 있는 선들은 가상의 선이다. 이 선들은 이온의 3차원 배열을 보여 주기 위해 그린 것이다.

물 분자는 이온으로 이루어져 있지 않고 부분 전하를 띠고 있다. 물 분자의 한쪽(수소 원자가 있는 쪽)은 약한(기본 전하량보다 작은) 양전하를 띠고 있고 물 분자의 다른 한쪽은(산소 원자가 있는 쪽)은 약한(기본 전하량보다 작은) 음전하를 띠고 있다. 바로 이 점 때문에 염화나트륨이 물에 녹을 수 있다. '양전하를 띤 나트륨 이온(Na^+)과 음전하를 띤 물분자 말단 사이의 인력(그리고 음전하를 띤 염화 이온(Cl^-)과 양전하를 띤 물 분자 말단 사이의 인력)'은 '나트륨 이온과 염화 이온 간의 인력'과 크기가 비슷해서 나트륨 이온과 염화 이온들은 무작위로 흩어지려는 경향을 지니게 되고 따라서 소금이 물에 녹을 수 있게 되는 것이다. 만약 나트륨 이온과 염화 이온 사이의 인력'이 '물과 이온(나트륨 이온이나 염화 이온) 사이의 인력'보다 더 크다면 이온 염류는 물에 전혀 녹지 않을 것이다.

물 분자는 다음과 같이 나타낼 수 있다.

위 그림에서 δ^-는 물 분자 말단의 부분 음전하를 나타내고 δ^+는 부분 양전하를 나타낸다. 수용액에 녹아 있는 '음전하를 띤 염화 이온'이 '약한 양전하를 띤 물 분자 말단'으로 둘러싸여 있는 모습은 다음과 같다.

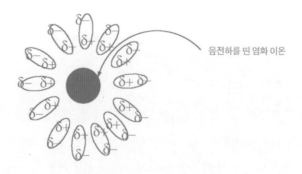

음전하를 띤 염화 이온

또한 '양전하를 띤 나트륨 이온'이 '약한 음전하를 띤 물 분자 말단'
으로 둘러싸여 있는 모습은 다음과 같다.

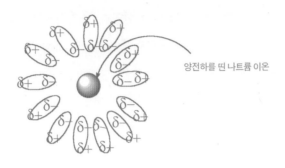

양전하를 띤 나트륨 이온

물 분자를 끌어당기는 염화나트륨의 용해성 때문에 소금은 훌륭한
방부제가 된다. 소금은 고기와 생선의 조직에 들어 있는 물을 흡수함
으로써 고기와 생선을 보존한다(고기 및 생선 조직의 물이 왕창 빠져 버리고
소금 농도가 높아진 상황에서 부패를 일으키는 세균은 생존할 수 없다.). 이런 연유
로 음식의 간을 맞추는 데보다 음식의 부패를 방지하는 데 훨씬 많은
양의 소금이 사용되었다. 특히 주로 고기로 소금을 섭취하는 지역에
서는 소금을 많이 치는 것은 음식 보존뿐만 아니라 생존을 위해서도
꼭 필요한 일이었다. 훈제, 건조와 같은 전통적인 음식 보존법들도 대
개 소금을 사용했다. 즉 훈제하거나 건조하기 전에 미리 음식을 소금
물에 담그는 것이었다. 자기 지역에서 소금이 나지 않는 마을은 무역
에 의존했다.

소금을 먹는 이유

인류는 음식 보존뿐만 아니라 음식의 간을 맞추는 데 소금이 필요하다는 것을 오래전부터 인식하고 있었다. 소금에서 해리된 이온은 우리 몸에서 세포와 세포를 둘러싼 체액 사이의 전해질 균형을 유지하는 중요한 역할을 수행한다(전해질 균형이 무너지면 전기 자극이 생기지 않아 신경 기능이 마비된다.). 신경 세포를 따라 전달되는 전기 자극 신호가 생성되기 위해서는 나트륨-칼륨 펌프의 도움이 필요하다. 나트륨-칼륨 펌프는 칼륨 이온(K^+)을 세포 안으로 밀어 넣고 나트륨 이온(Na^+)을 세포 밖으로 배출한다. 결국 세포막 안쪽의 세포질은 음전하를 띠게되어 막전위(膜電位, membrane potential)라는 전하차가 발생하고 이 막전위가 전기 자극 신호를 일으킬 수 있는 동력을 공급해 준다. 따라서 소금은 신경 기능과 (궁극적으로) 근육 운동에 필수적이다.

폭스글로브에서 발견되는 다이곡신, 디기톡신 같은 강심배당체류는 나트륨-칼륨 펌프의 기능을 방해해 세포 내 나트륨 이온의 농도를 정상 수준보다 높게 만들어 심장 근육의 수축력을 증대시킨다(이것이 바로 강심배당체가 심장 흥분제로 작동하는 방식이다.). 한편 소금에서 해리된 염화 이온은 위에서 분비되는 소화액(위산)에 꼭 필요한 구성 성분, 즉 염산(HCl)을 만들 때 사용된다.

건강한 사람도 체내 소금 농도는 조금씩 변한다. 몸에서 빠져나간 소금은 다시 보충해 줘야 하고 필요 이상의 소금은 체외로 배출되어야 한다. 우리 몸에서 소금이 부족해지면 체중과 식욕이 감소하고 경련, 메스꺼움, 근육 무력증 등이 일어난다. 마라톤 주자와 같이 체내 소금 결핍이 극심한 경우는 혈관이 붕괴되어 사망할 수도 있다. 지나친 나트륨 이온 섭취는 고혈압을 일으키기도 하고 심혈관 질환의 중대 원인이 되기도 하고 신장과 간 질환의 원인이 되기도 한다.

일반인의 몸에는 약 120그램의 소금이 있다. 우리는 땀이나 오줌으로 끊임없이 소금을 배출하고 있기 때문에 매일 조금씩 소금을 섭취해 줘야 한다. 선사 시대 사람들은 주로 사냥한 초식 동물에서 소금을 섭취했다(생고기는 훌륭한 소금원이다.). 농업이 발달하고 곡물과 야채가 주식이 되면서 따로 소금을 보충해 줄 필요가 생겼다. 육식 동물들은 초식 동물을 잡아먹으니 별도의 소금 섭취가 필요 없지만 초식 동물들은 별도로 소금을 섭취해 줘야 한다. 고기를 거의 먹지 않거나 채식만 하는 지역의 사람들은 추가적으로 소금 섭취를 해 줘야 했다. 인류가 정착 농경을 생활 방식으로 채택하자마자 추가적으로 필요해지기 시작한 소금은 지역에서 자체적으로 구하거나 무역을 통해 얻어야만 했다.

마하트마 간디와 소금

소금에 대한 사람들의 수요와 소금만이 갖는 독특한 제조 방식 때문에 역사 속에서 소금만큼 권력과 독점과 과세에 적합한 것은 없었다. 정부 입장에서 보면, 소금에 부과된 세금, 즉 염세(鹽稅)는 믿을 만한 세원이었다. 모든 사람들이 소금을 원하는 반면 소금은 대체할 만한 마땅한 것이 없었기 때문에 결국 누구라도 세금을 낼 수밖에 없었던 것이다. 소금은 출처를 숨길 수가 없었다(소금은 숨어서 만들기 어렵고 한번 만들면 대량으로 생산되기 때문에 부피가 커 감추기 어렵다. 또한 소금 수송은 쉽게 규제할 수 있고 과세할 수 있었다.). 기원전 2000년, 중국 황제 하우(夏禹, 하나라의 시조인 우임금 ― 옮긴이)가 황실에서 쓰는 소금은 산둥 지방의 소금으로 하라는 명령을 내린 이래, 소금은 중국에서 세금, 통행세, 관세의 형태로 정부의 수입원이 되었다. 성서 시대에도 소금은 양념으로 쓰인 것으로 보이며, 중국처럼 세금이 부과되었고 특히 대상로를 따라 나 있는 수많은 숙박 장소에 들를 때마다 추가적으로 관세가 부과되었다. 기원전 323년, 알렉산드로스가 사망하자 시리아와 이집트 지역의 관리들은 그리스 정부가 받아 오던 염세를 자국민들에게 계속해서 징수했다.

이런 염세 징수의 역사를 거치면서 세금을 징수하는 세리의 필요성이 대두되었다. 대부분의 세리들은 세율을 올리고 특별세를 추가하고 면세품을 파는 식으로 부를 축적했다. 로마도 예외가 아니었다. 테베레 강 유역의 오스티아 제염소는 처음부터 로마 제국이 차지했기 때문에 로마 시민들은 저렴한 가격으로 소금을 공급받을 수 있었다. 하지만 이런 호사(豪奢)는 오래가지 못했다. 소금에 세금을 부과했을 때 벌어들일 수 있는 수입은 거부할 수 없는 유혹이었고 결국 로마의 세리들은 로마 시민들에게 염세를 부과하게 되었다. 로마 제국의 팽창으로 소금 독점은 더욱 심해졌고 덩달아 염세도 올라갔다. 로마의 세리들은 각 주 총독의 감독만 받을 뿐 특별한 규제 없이 독립적으로 아무 곳에나 마음대로 세금을 부과할 수 있었다. 제염소와 멀리 떨어진 곳에 사는 사람들은 매우 비싼 가격을 주고 소금을 구입했는데 이는 운송비 때문이기도 했지만 각 운송 단계마다 부과된 관세, 세금, 부과금 때문이기도 했다.

중세 시대, 유럽은 소금 광산이나 해안가의 제염소에서 소금을 실어 나르는 선박이나 수레에 통행세의 형태로 염세를 부과했다. 염세는 프랑스가 가장 심했다. 가벨(gabelle)로 불린 프랑스의 염세는 악랄하기로 유명했고 압제적이었으며, 국민들로 하여금 극도의 조세 저항을 불러일으켰다. 가벨의 기원은 기록상 다양하다. 1259년, 프로방스 지방에 있던 앙주 공국의 샤를이 가벨을 부과했다는 기록이 있고, 13세기 후반 상비군을 유지하기 위해 밀, 포도주, 소금 같은 일용품에 보통세로서 가벨이 부과되기 시작했다는 기록도 있다. 어쨌든 15세기, 가벨은 프랑스의 주요 국세 가운데 하나이자 염세만을 의미하는 세금이되었다.

그러나 가벨은 단순한 염세가 아니었다. 왕이 정한 가격대로 모든 남성, 여성, 8세 이상의 어린이들이 일주일에 한 번씩 의무적으로 소금을 사야 하는 제도였다. 왕은 자기 마음대로 가벨의 세율과 할당량을 올릴 수 있었다. 원래 가벨의 의도는 모든 국민에게 공평과세를 부과하는 것이었지만 얼마 가지 않아 지역에 따른 차별 과세가 이루어졌다. 대서양 연안 제염소로부터 소금을 공급받는 지역들은 그랑드 가벨(grande gabelle)이 부과되었고 지중해 연안 제염소로부터 소금을 공급받는 지역들은 프티 가벨(petites gabelle)이 부과되었는데, 그랑드 가벨의 세율은 프티 가벨의 2배였다. 정치적인 영향력을 행사하거나 조약을 맺은 지역은 가벨이 면제되거나 세금의 일부만을 냈다. 브르타뉴 지방은 가벨이 면제되기도 했고 노르망디 지방은 가벨의 세율이 아주 낮게 책정되기도 했다. 가벨이 가장 심했을 때 그랑드 가벨 과세 지역의 경우 소금 원가의 20배가 넘는 금액이 책정되었다.

염세 징수관들(국민들로부터 세금을 거둬갔으므로 가벨 농부라고 불렀다.)은 의무 소비량을 지켰는지 확인하기 위해 1인당 소금 사용량을 점검했다. 소금을 밀수하다 적발되면 심한 형벌에 처해졌음에도 불구하고 소금 밀수가 성행했다(소금 밀수를 하다 적발되면 대개 갤리 선의 노예로 보내졌다.). 가혹하고 불공평한 가벨로 인해 가장 피해를 많이 본 사람은 농부들과 도시의 가난한 소시민들이었다. 부담스러운 세금을 줄여 달라고 왕에게 탄원했지만 소용이 없었다. 역사가들은 가벨을 프랑스 혁명의 주요 원인 가운데 하나로 보고 있다. 1790년, 혁명이 최고조에 달하자 가벨은 폐지되었고 30명이 넘는 가벨 징수관들은 처형되었다. 하지만 가벨 폐지는 오래가지 못했다. 1805년, 나폴레옹은 다시 가벨 제도를 도입했다(나폴레옹은 이탈리아와 전쟁을 치르기 위해 어쩔 수 없는 조치였다고 강변했다.). 가벨은 제2차 세계 대전 종식 후에야 마침내 폐지되었다.

가벨 같은 세금이 국민들의 짐이 되었던 것은 비단 프랑스만이 아니었다. 스코틀랜드 연안, 특히 포스 만 주변은 염세가 부과되기 수세기 전부터 소금을 생산하던 지역이었다. 이 지역은 기온이 낮고 습도가 높아 태양열에 의한 증발로는 소금을 생산할 수 없어, 거대한 용기에 바닷물을 넣고 끓여 소금을 생산했다(처음에는 땔감으로 나무를 사용했지만 나중에는 석탄을 사용했다.). 1700년대, 스코틀랜드에는 석탄을 때는 제염소가 150곳 이상 들어섰고 이탄을 때는 제염소도 많이 생겼다. 스코틀랜드 인들에게 소금 산업은 너무나 중요한 것이어서 1707년, 스코틀랜드와 잉글랜드가 통합할 때 맺은 조약 제 8조에서는 스코틀랜드에게 부과되는 7년간의 염세를 면제하고 그 이후의 염세에 대해서도 영구히 낮은 세율을 부과한다는 것을 보장할 정도였다. 잉글랜드의 소금 산업은 암염과 염천에서 소금을 추출하는 방법을 사용하고 있었는데 두 방법 모두 생산량과 이윤 측면에서 바닷물을 석탄으로 끓이는 스코틀랜드의 제염법보다 훨씬 유리한 방법이었기 때문에 스코틀랜드의 소금 산업이 생존하기 위해서는 염세의 면제나 경감이 꼭 필요했던 것이다.

1825년, 영국은 염세를 폐지한 최초의 국가가 되었다. 수세기 동안 징수한 염세에 노동자 계급이 분노했기 때문이 아니라 소금의 역할이 바뀌었다는 걸 영국 정부가 인식했기 때문이었다. 일반적으로 산업 혁명은 기계 혁명(직기의 씨실 넣는 장치, 방적기, 수력 방적기, 증기 기관, 동력 직기 등의 개발)으로 여겨지지만 한편으론 화학 혁명이기도 했다. 섬유 산업, 염색, 비누 제조, 유리 제조, 요업, 철강 산업, 무두질, 제지업, 양조 산업 등에 대한 수요 때문에 화학 물질을 대량 생산할 필요성이 생겼다. 소금은 방부제나 조미료로서의 중요성보다 화학 물질 제조 공정의 시작 물질로서의 중요성이 엄청나게 커졌기 때문에 각종 제조업자들과 공장 소유주들은 염세를 철회하라는 압력을 정부에 가했다. 소금이 영국 산업 번영의 핵심 원료 물질이라는 인식을 하자 비로소 가난한 사람들이 수세기 동안 그토록 원했던 염세 폐지가 현실화되었다.

영국은 본토의 염세는 폐지했지만 식민지의 염세는 폐지하지 않았다. 인도의 독립 운동가 마하트마 간디가 영국이 부과한 염세에 반대하기 시작하면서 염세는 인도에서 식민압제의 상징이 되었다. 인도의 염세는 세금 이상의 것이었다. 이미 지난 수세기 동안 많은 정복자들이 터득한 바와 같이 소금 공급의 통제는 정치적·경제적 통제를 의미했다. 영국령 인도의 정부 규정에 따라 정부의 인허가 없는 소금 생산이나 판매는 범법 행위로 규정되었다. 석호 주변에 자연 증발로 생성된 소금을 채취하는 것조차 불법이었다. 소금은 (가끔 영국에서 수입되기도 했는데) 영국이 정한 가격으로 영국 정부가 지정한 중개상을 통해서만 구입해야 했다. 인도의 식단은 주로 채식으로 이루어져 있고 연중 날씨가 무더워 땀으로 인한 체내 소금 손실이 많기 때문에, 인도인에게 음식을 통한 소금 섭취는 매우 중요했다. 식민 통치를 받게 되면서 인도인들은 거의 공짜로 채취하거나 생산할 수 있었던 소금을 돈 주고 사먹을 수밖에 없는 처지가 되었다.

영국이 자국 시민들에게 부과한 염세를 폐지한 지 거의 1세기가 지난 1923년, 인도의 염세는 오히려 2배나 올라 있었다. 1930년 3월, 간디와 간디를 지지하는 소수의 사람들이 모여 인도 북서쪽의 조그마한 해안 마을 단디에 도착하는 380킬로미터에 이르는 행진을 시작했다. 수천 명의 사람들이 간디의 순례 여행에 동참했고 이들은 단디에 도착하자 해변가 바위의 소금을 긁어 모으기도 하고 바닷물을 끓이기도 해서 여기서 나온 소금을 팔기 시작했다. 이후 수천 명의 사람들이 이 운동에 추가로 동참했다. 여기서 나온 소금은 인도 전역의 마을과 도시에서 판매되었지만 경찰에 의해 번번이 몰수당했다. 경찰은 간디의 지지자들을 잔인하게 처벌했고 수많은 사람들이 투옥되었다. 그러자 더 많은 사람들이 이 운동에 동참해 계속해서 소금을 만들었다.

파업, 불매 운동, 시위가 잇달았다. 마침내 이듬해 3월, 가혹한 염세 법은 개정되었다. 지역 주민들이 자기 마을에서 소금을 채취하거나 만드는 것이 허용되었고 같은 마을 내에서 다른 사람에게 파는 것도 허용되었다. 상업적으로 판매되는 소금에는 여전히 세금이 붙어 있었지만 영국 정부의 소금 독점은 무너졌다. 간디의 비폭력 시민 불복종이라는 숭고한 이상이 결실을 맺고 영국의 주권이 인도를 떠나야 할 날도 얼마 남지 않게 되었던 것이다.

나트륨 화합물

영국의 염세 폐지는 소금을 필요로 하는 제조 공정을 지닌 산업들과 소금을 시작 물질로 하는 무기 화합물 제조사들에게 중요한 의미가 있었다. 염세 폐지는 특히 소다회(무수탄산나트륨) 또는 세탁용 소다로 알려진 나트륨 화합물, 즉 탄산나트륨(Na_2CO_3) 제조에 있어 중요한 의미를 지녔다. 소다회는 비누의 원재료였는데 비누 수요가 증가하면서 소다회가 대량으로 필요해졌다. 그전까지 소다회는 주로 자연 발생적 퇴적물(알칼리 호수가 마르면서 호숫가에 생긴 것)에서 얻거나 다시마나 해초 같은 것을 불에 태우고 남은 재에서 얻었다. 이렇게 얻은 소다회는 불순물이 많고 공급량이 한정되어 있었다. 이때 풍부하게 공급되고 있던 소금(염화나트륨)에서 탄산나트륨을 얻을 수 있다는 가능성이 제기되자 사람들의 이목을 끌었다. 1790년대, 제9대 던도널드 백작인 아치볼드 코크런은 소금을 인공 알칼리로 변환시키는 공정에 대한 특허를 취득했다(오늘날 코크런은 영국 화학 혁명을 선도한 인물 가운데 하나로 여겨지며 알칼리 산업의 창시자로 여겨진다. 그가 가문에서 물려받은 얼마 안 되는 땅은 스코틀랜드의 포스 만 연안에 있었는데 포스 만 연안 근처에는 석탄을 때는 수많은 염전이 있었다.). 하지만 코크런의 공정은 상업적인 성공을 거두지 못했다. 1791년, 프랑스의 니콜라 르블랑은 소금, 황산, 석탄, 석회석으로 탄산나트륨을 제조하는 방법을 개발했다. 하지만 프랑스 혁명으로 인해 르블랑법으로 소다회를 생산하는 일은 지연되었다. 결국 잉글랜드에서 르블랑법으로 소다회가 상업적으로 제조되기 시작했다.

1860년대, 벨기에의 에르네스트 솔베이와 알프레트 솔베이 형제는 석회석($CaCO_3$)과 암모니아 기체(NH_3)를 이용해 소금(염화나트륨)을 탄산나트륨으로 바꾸는 (르블랑법보다) 개선된 방법을 개발했다. 이 공정의 핵심은 소금 농축액과 암모니아 기체, 이산화탄소(석회석)를 섞어서 탄산수소나트륨($NaHCO_3$)을 만들고

$$NaCl_{(aq)} + NH_{3(g)} + CO_{2(g)} + H_2O_{(l)} \longrightarrow NaHCO_{3(S)} + NH_4Cl_{(aq)}$$

염화나트륨　　암모니아　이산화탄소　　물　　　탄산수소나트륨　　염화암모늄

탄산수소나트륨을 가열해 탄산염을 만드는 것이다.

$$2NaHCO_{3(S)} \longrightarrow Na_2CO_{3(S)} + CO_{2(g)}$$

탄산수소나트륨　　　탄산염　　이산화탄소

솔베이법은 지금도 합성 소다회 제조의 주된 방법이다. 하지만 거대

한 천연 소다회 광상의 발견(예를 들어, 미국 와이오밍 주 그린 강 유역에는 100억 톤 이상의 소다회가 묻혀 있다.)으로 오늘날 솔베이법으로 만든 소다회에 대한 수요는 많이 줄어들었다.

또 하나의 나트륨 화합물, 가성 소다에 대한 수요도 오래전부터 있었다. 가성 소다, 즉 수산화나트륨(NaOH)은 염화나트륨 용액에 전류를 통과시켜 대량 생산하는데 이 공정을 전기 분해법(electrolysis)이라 한다. 가성 소다는 미국에서 가장 많이 생산되는 열 가지 화학 물질 가운데 하나이다. 가성 소다는 광석에서 알루미늄을 뽑아내는 데 쓰이거나 레이온, 셀로판, 비누, 세제, 석유 제품, 종이, 펄프 등을 제조할 때 필요하다. 소금물(염화나트륨용액)을 전기 분해할 때 생성되는 염소 기체는 처음에 공정의 부산물로 여겨졌으나 곧 훌륭한 표백제이자 강력한 살균제임이 밝혀졌다. 오늘날 상업적으로 염화나트륨을 전기 분해하는 목적은 수산화나트륨을 얻기 위한 것이기도 하지만 염소를 얻기 위한 것이기도 하다. 오늘날 염소는 살충제, 중합체, 의약품 같은 수많은 유기 화학 제품 제조에 사용되고 있다.

동화에서 성서에 이르기까지, 스웨덴의 전설에서 북아메리카 원주민의 전설에 이르기까지, 전 세계 곳곳의 수많은 사회에는 소금에 대한 전설이 내려오고 있다. 소금은 의식과 의례에 사용되고 있고 환대와 행운을 상징하고 악령과 불운을 막아 주는 것으로 여겨지고 있다. 소금이 인류문명 형성에 중요한 역할을 담당했음은 우리가 쓰는 언어에서도 알 수 있다. 급료를 의미하는 salary라는 말은 로마 병사들이 급료로 소금을 받은 데서 유래했다. 샐러드(salad, 원래 샐러드는 소금만 친 것이었다), 소스(sauce)와 살사(salsa), 소시지와 살라미(salami) 같은 말들도 모두 소금을 의미하는 라틴 어(sal)에 그 기원을 두고 있다. 다른 언어에서도 그렇지만 영어에도 소금에 대한 비유가 많다. 예를 들면, 'salt of the earth(세상의 소금)', 'old salt(뱃사람)', 'worth his salt(급료 값을 하는)', 'below the salt(말석에)', 'with a grain of salt(에누리해서)', 'back to the salt mine(일터로 복귀하다)' 등이 있다.

소금 때문에 벌어진 수많은 전쟁에도 불구하고, 소금에 부과된 세금 및 통행세에 대한 투쟁과 저항의 역사에도 불구하고, 소금을 찾아 인구가 이동하고 소금 밀수로 수십만 명이 투옥되었음에도 불구하고, 현대 기술이 소금 가격을 엄청나게 떨어뜨렸음에도 불구하고 소금에 대한 마지막 아이러니는 오늘날 음식 보존을 위한 소금 수요가 대폭 줄었다는 사실이다(냉장법이 소금을 대신해서 음식 부패를 방지하는 표준 방법이 되었다.). 인류 역사 내내 존경과 숭배의 대상이었고 욕망과 투쟁의 대상이었고 때로는 금보다 더 높게 평가받았던 소금은 이제 값싸고 손쉽게 구할 수 있을 뿐만 아니라 너무나 흔한 것이 되어 버렸다.

두 얼굴의 염화탄소 화합물,
프레온, 다이옥신, 클로로포름

1877년, 프리고리피크 호는 아르헨티나 산 쇠고기를 싣고 부에노스아이레스를 출항해 프랑스의 루앙 항에 도착했다. 오늘날 프리고리피크 호의 여정은 일상사처럼 보이겠지만 사실은 역사적인 항해였다. 프리고리피크 호는 이 항해로 냉장 화물을 수송함으로써 향료와 소금으로 음식을 저장하던 방식에 종언을 고하고 냉동 시대의 개막을 알렸던 것이다.

냉동선의 역사

인류는 적어도 기원전 2000년부터 음식이나 물건을 냉장 보관하기 위해 얼음을 사용했다(얼음은 녹으면서 주위의 열을 흡수한다. 얼음 냉장은

189

이 원리를 이용한 것이다.). 얼음이 녹아 물이 생기면 버리고 새로운 얼음을 보충했다. 냉장 또는 냉동은 고체 상태와 액체 상태를 이용하지 않고 액체 상태와 기체 상태를 이용한다. 액체는 증발하면서 주위의 열을 흡수한다. 기체(증발된 액체)는 다시 압축되어 액체로 되돌아간다. 바로 이 압축 과정 때문에 refrigeration(냉동)이라는 글자에 re(다시)라는 철자가 붙게 되었다. 기체는 다시 액체로 되돌아가고 액체는 다시 증발하면서 냉각 효과를 나타내고 이런 식으로 순환이 반복된다. 순환의 핵심은 압축을 일으키는 기계를 가동시킬 수 있는 에너지원이다. 한때 유행했던 아이스박스는 지속적으로 얼음을 넣어 줘야 하기 때문에 기술적으로 보면 냉장고(refrigerator의 re에 주목하라.)가 아니다. 오늘날 우리는 '차게 하거나 찬 상태를 유지하는 것'을 의미할 때 흔히 냉장 또는 냉동이라는 말을 사용한다(냉장 또는 냉각이 되는 과정은 고려하지 않고 말이다.).

진짜 냉장고는 증발과 압축이라는 순환을 반복하는 화합물인 냉각제가 꼭 필요하다. 1748년, 냉각제의 냉각 효과를 증명해 보이기 위해 에테르(ether)가 사용되었다. 하지만 이로부터 100년이 더 지난 뒤에야 에테르를 압축할 수 있는 기계가 발명되어 냉장고에 사용될 수 있었다. 1837년 오스트레일리아로 이민 온 스코틀랜드 인 제임스 해리슨은 1851년경, 오스트레일리아 양조 회사에 납품할 목적으로 기체(에테르가 주성분이었다.)를 압축시키는 냉장고를 만들었다. 해리슨과 거의 동시에 미국인 알렉산더 트와이닝도 해리슨과 비슷한 기체 압축 냉동 시스템을 만들었다. 두 사람은 냉동을 상업적으로 가능하게 한 최초의 개발자로 여겨진다.

최초의 상업적인 냉동을 가능하게 한 또 한 명의 개발자, 프랑스의 페르디낭 카레는 1859년 암모니아를 냉각제로 사용했다. 염화메틸(methyl chloride)과 이산화황(sulfur dioxide)도 이 당시 냉각제로 사용되었다. 이산화황은 세계 최초의 아이스 스케이트장에 사용된 냉각제이기도 하다. 이 작은 분자들 덕분에 사람들은 이제 더 이상 소금과 향신료에 의존하지 않고도 음식을 보관할 수 있게 되었다.

$$C_2H_5 - O - C_2H_5 \qquad NH_3 \qquad CH_3Cl \qquad SO_2$$

에테르(다이에틸에테르)　　　암모니아　　　염화메틸　　　이산화황

제임스 해리슨은 양조 회사뿐만 아니라 오스트레일리아 육류 포장 산업에 쓸 냉장고도 성공적으로 납품했다. 1873년, 제임스 해리슨은 냉동선으로 오스트레일리아에서 영국까지 육류를 수송해 볼 결심을 한다. 하지만 해리슨이 설치한 에테르 기반의 증발·압축 냉동 시스템(냉장고)은 실패로 끝나고 말았다. 그러던 중 1879년 12월, 스트래틀레븐 호는 해리슨이 설치한 냉장고를 달고 멜버른을 떠나 2개월 뒤 런던에 도착했는데 출발 당시의 40톤의 쇠고기와 양고기가 도착 후에도 그대로 꽁꽁 얼어 있었다. 해리슨의 냉동법이 입증되는 순간이었다. 1882년 스트래틀레븐 호와 유사한 냉동 시스템이 설치된 더니든 호는 뉴질랜드 산 새끼 양고기를 처음으로 영국에 수출했다. 프리고리피크 호가 흔히 세계 최초의 냉동선이라 일컬어지지만 기술적으로 보면 1873년 해리슨이 도전했다가 실패한 냉동 선박이 세계 최초의 냉동선이라 할 수 있다. 게다가 프리고리피크 호는 냉동선으로서

항해에 성공한 것도 아니었다. 항해에 성공한 세계 최초의 냉동선은 1877년 아르헨티나에서 냉동 쇠고기를 싣고 프랑스의 르아브르에 도착한 파라과이 호다. 파라과이 호의 냉동 시스템은 페르디낭 카레가 설계했고 냉각제로 암모니아를 사용했다.

프리고리피크 호의 냉각은, 단열이 잘 된 곳에 보관된 얼음을 이용해 물을 차갑게 만들어 펌프와 파이프로 순환시킨 것이었다. 항해 중 프리고리피크 호의 펌프가 고장나자 고기는 프랑스에 도착하기 전에 이미 썩어 버렸다. 프리고리피크 호가 파라과이 호보다 몇 달 먼저 항해에 성공했지만 프리고리피크 호는 진정한 냉동선이 아니었다. 저장된 얼음으로 음식을 냉장 또는 냉동시켰던 단열재 선박이었다. 프리고리피크 호는 대양을 횡단한 냉동 고기 수송 역사의 선구자라고 할 수 있을 것이다(성공하지는 못했지만).

최초의 냉동선에 대한 누구의 주장이 가장 신빙성이 있는가 하는 논란과 별개로, 1880년대부터는 압축·증발 냉동 시스템 덕분에 세계 각지의 육류 산지에서 유럽과 미국 동부 같은 더 큰 시장으로 육류를 수송할 수 있게 되었다. 아르헨티나나 아르헨티나보다 훨씬 멀리 떨어진 곳에 있는 육류 산지(오스트레일리아와 뉴질랜드)에서 출발하는 선박들은 기온이 높은 열대 지방을 지나 2~3개월씩 걸리는 항해를 해야 한다. 프리고리피크 호 같은 단순한 냉동 시스템이라면 어림도 없는 일이다. 냉동 시스템의 기술적인 신뢰성이 더욱 높아지면서 농장주들과 목장주들은 세계 시장에 고기를 내다팔 수 있는 새로운 수단을 확보하게 되었다. 냉동은, 시장과의 거리가 너무 멀어 풍부한 농산물을 팔 기회가 없었던 오스트레일리아, 뉴질랜드, 아르헨티나, 남부아프리카 등의 경제 발전에 중요한 역할을 했다고 할 수 있다.

현대 문명이 낳은 기적의 도구, 에어콘, 냉장고와 스프레이

이상적인 냉각제는 실용적인 특정 요건을 갖춰야 한다. 적절한 온도 범위 내에서 기화할 수 있어야 하고 적절한 온도 범위 내에서 압축을 가하면 액화할 수 있어야 한다. 그리고 기화할 때 비교적 많은 양의 열을 흡수할 수 있어야 한다. 암모니아, 에테르, 염화메틸, 이산화황 같은 물질들은 이런 기술적인 요건들을 만족했기 때문에 훌륭한 냉각제가 될 수 있었다. 하지만 이 물질들은 분해되거나 화재의 위험성이 있거나 유독하거나 독한 냄새가 나거나 혹은 이 모든 단점을 모두 갖고 있다는 문제점이 있었다.

냉각제가 안고 있는 문제점에도 불구하고 상업용 및 가정용 냉장 수요는 커져만 갔다. 상업용 냉장 수요는 가정용 냉장 수요를 50년 이상 동안이나 앞질렀다(산업 수요를 맞추다 보니). 1913년 처음 나오기 시작한 가정용 냉장고는 1920년대에 얼음(가정용 냉장고에서 만든 얼음이 아니라 얼음 공장에서 파는 것이었다.)을 채워 넣어 쓰던 아이스박스를 대체하기 시작했다. 초기에 나온 일부 가정용 냉장고는 압축기의 소음이 심해 압축기만 따로 지하실에 설치하기도 했다.

냉각제의 문제점(유독성과 폭발성)을 해결할 수 있는 방법을 찾고 있던 토머스 미드글리와 앨버트 헨은 냉각 순환(압축·증발)의 온도 범위 내에서 끓는점을 가지는 물질에 대해 연구하고 있었다(미드글리는 엔진의 노킹(knocking, 내연 기관 내의 연료가 이상 연소해 생기는 폭발——옮긴이)을 줄이는 휘발유 첨가제인 테트라에틸납(tetraethyl lead)을 개발해 이미 부자가 되어 있었고, 헨은 제너럴 모터스의 프리저데어(전기 냉장고 상표명) 부문에서 연구하고 있었다.). 이런 조건을 만족하는 화합물은 대부분 이미 사용되고 있었거나 실용성이 없어 진작 배제된 것들이었지만 한 가지, 불소 화합물은 연구된 바가 없었다. 불소는 유독성이 강한 부식성 기체인 데다가 당시 불소를 함유하는 유기 화합물은 한번도 만들어진 적이 없었다.

미드글리와 헨은 1~2개의 탄소와 (수소 대신) 다양한 개수의 불소와 염소로 이루어진 분자를 만들어 보기로 했다. 그 결과 클로로플루오르카본류(chlorofluorocarbons, CFCs)가 만들어졌다. CFC는 냉각제로서의 모든 기술 요건들을 훌륭하게 만족시켰을 뿐만 아니라 매우 안정적이면서 불연성, 무독성에 제조 원가가 저렴하고 냄새가 거의 없었다.

미드글리는 1930년, 조지아 주 애틀랜타에서 열린 미국 화학회에서 매우 극적인 방법으로 CFC의 안정성을 증명했다. 미드글리는 뚜껑이 없는 용기에 소량의 액체 CFC를 부었다. CFC가 끓기 시작하자 CFC 기체에 자기 얼굴을 들이대고 입을 벌려 깊게 숨을 들이쉬고 미리 켜 둔 촛불 쪽으로 돌아서서 천천히 CFC를 내뱉었다. 그러자 촛불이 꺼졌다. 클로로플루오르카본이 불연성이고 무독성이라는 사실을 증명한 놀랍고도 특이한 실험이었다.

이 실험 이후 수많은 종류의 CFC 분자들이 냉각제로 사용되었다. 예를 들면, 프레온 12(Freon 12)라는 상표명으로 더 잘 알려진 듀폰 사의 다이클로로다이플루오르메테인(dichlorodifluoromethane), 프레온 11로 알려진 트라이클로로플루오르메테인(trichlorofluoromethane), 프레온 114로 알려진 1, 2-다이클로로-1, 1, 2, 2,-테트라플루오르에테인(1,2-dichloro-1,1,2,2,-tetrafluoroethane) 등이 있다.

프레온 12   프레온 11   프레온 114

프레온 이름에 있는 숫자는 미드글리와 헨이 개발한 기호이다. 세 숫자 중 왼쪽에서 첫 번째 숫자는 탄소 원자의 개수에서 1을 뺀 숫자이다. 이 숫자가 0이면 생략하기 때문에 프레온 12는 프레온 012를 줄여서 나타낸 것이다. 두 번째 숫자는 수소 원자의 개수에서 1을 더한 숫자이다. 세 번째 숫자는 불소 원자의 개수이다. 염소 원자의 개수는 생략되었다.

CFC류는 완벽한 냉각제였다. CFC는 냉장 산업에 혁명을 일으켰다. 특히 전기가 각 가정에 점점 더 보급되자 CFC는 가정용 냉장고 산업이 거대하게 성장할 수 있는 밑바탕이 되었다. 1950년대, 선진국에서 냉장고는 선택이 아닌 필수 가전 기기가 되었다. 신선한 식품을 사기 위해 매일 쇼핑할 필요가 없어졌다. 썩기 쉬운 음식도 안전하게 보존할 수 있게 되었고 식사를 미리 만들어 둘 수도 있게 되었다. 냉동 식품 산업이 발달하면서 과거에 없던 새로운 식품들이 개발되어 나오고 즉석 식품들이 나왔다. CFC는 우리가 장보는 방식, 음식을 준비하는 방식, 심지어 우리가 먹는 음식까지도 바꿔 놓았다. 냉장고는 열에 민감한 항생제, 백신, 의약품 등의 보관뿐만 아니라 지구 반대편으로 보내는 운송도 가능하게 만들었다.

CFC는 안전할 뿐만 아니라 공급량도 풍부해 음식 이외에 주거 환경을 냉각하는 도구에도 사용되었다. 오랜 역사 기간 동안 여름날의 높은 기온에 대처하는 방법은 주로 자연풍 쐬기, 부채질하기, 물 뿌리기 등이었다. CFC가 등장하자 갓 둥지에서 벗어난 에어컨 산업은 급속도로 팽창했다. 열대 지역이나 여름 날씨가 무더운 지역의 경우, 에어컨을 사용하게 되면서 사람이 거주하고 활동하는 모든 곳(가정, 병원, 사무실, 공장, 쇼핑몰, 차)이 훨씬 쾌적해졌다.

CFC의 새로운 용도도 발견되었다. CFC는 사실상 어떤 물질과도 반응하지 않기 때문에 스프레이 캔에 들어 있는 물질을 안전하게 뿜을 수 있는 매우 이상적인 기체였다. CFC 기체를 팽창시켜 에어로졸(aerosol) 캔의 작은 구멍으로 내용물을 뿜어내는 제품(그 종류는 헤아릴 수 없을 만큼 많다.) 몇 가지를 예로 들어 보면 헤어 스프레이, 셰이빙 크림, 향수, 선탠 로션, 휘핑 크림, 치즈 스프레드, 가구 광택제, 카펫 청소제, 욕실 곰팡이 제거제, 살충제 등이 있다.

어떤 CFC류는 포장재로 쓰이는 매우 가벼운 다공성의 중합체(예를 들면, 건물에 들어가는 단열 발포 제품, 즉석 식품 용기, 스티로폼 컵 등)를 생산할 때 발포제로 쓰기에 이상적이었다. 프레온 113과 같은 용매의 특성을 갖고 있는 CFC류는 회로 기판이나 기타 전자 부품의 이상적인 세척제였다. CFC 분자의 염소나 불소를 브로민(브롬)으로 치환하면 프레온 13B1(B는 브로민을 나타낸다.) 같은, 프레온 113보다 끓는점이 더 높고 무게가 더 나가는 무거운 화합물이 만들어지는데 프레온 13B1은 불을 끄는 소화기에 이상적인 물질이었다.

프레온 113

프레온 13B1

1970년대, CFC류 관련 화합물들은 연간 100만 톤 규모로 생산되기에 이르렀다. CFC류는 현대 사회의 생활 방식에 딱 맞는, 어떤 결점이나 단점도 없는 이상적인 기체로 보였다. CFC는 이 세상을 더 좋은 곳으로 만들어 줄 것만 같았다.

오존층에 구멍을 뚫은 프레온

CFC의 영광은 1974년, 애틀랜타에서 열린 미국 화학회에서 셔우드 롤런드와 마리오 몰리나 두 연구원이 발표한 당혹스러운 연구 결과로 그 막을 내렸다. 두 사람은 CFC의 바로 그 안정성 때문에 전혀 예상치 못한 매우 당혹스러운 문제점이 야기된다는 사실을 발견했다.

불안정한 화합물과 달리 CFC는 일반적인 화학 반응으로는 분해되지 않는다. CFC가 그토록 매력적으로 다가왔던 것도 바로 이런 특성 때문이었다. 대류권으로 방출된 CFC는 몇 년 혹은 수십 년 정도 떠돌

다가 결국 성층권으로 올라가서 태양광선에 의해 분해된다. 성층권 안에는 지표면으로부터 15~30킬로미터 높이에 형성된 오존층이 있다. 오존층은 꽤 두꺼운 것처럼 보이지만, 오존층이 해수면에 존재했다면 기압 때문에 그 두께가 수밀리미터밖에 되지 않았을 것이다. 성층권은 공기가 희박하기 때문에 기압이 매우 낮아서 오존층이 수십 킬로미터에 이를 정도로 팽창되어 있다.

오존은 산소의 동소체(같은 원소로 이루어진 물질—옮긴이)이다. 산소와 오존은 산소 원자의 개수(산소는 O_2, 오존은 O_3)가 다르다는 점이 유일한 차이점이지만 두 분자의 성질은 매우 다르다. 오존층 위에 강한 태양광선이 내리쬐면 산소 분자(O_2)는 분해되어 2개의 산소 원자를 만들어 낸다.

태양 광선

산소 분자   산소 원자   +   산소 원자

이 산소 원자들은 떠다니다가 오존층으로 내려앉아 다른 산소 분자와 결합해 오존을 형성한다.

산소 원자   +   산소 분자   오존 분자

오존층 안에서 오존 분자들은 고(高)에너지 자외선에 의해 분해되어 산소 분자와 산소 원자가 생성된다.

2개의 산소 원자는 다시 결합해서 O_2 분자를 형성한다.

따라서 오존층의 오존은 끊임없이 생성되고 있으며 한편으론 끊임없이 분해되고 있다. 수천 년에 걸쳐 이 두 가지 과정(생성과 분해)이 균형을 이루어 왔기 때문에 지구 대기의 오존 농도는 비교적 일정하게 유지되었다. 오존층은 지구상의 생물에게 매우 중대한 영향을 미친다. 오존층의 오존은 살아 있는 생물에 매우 해로운 태양 광선의 자외선을 흡수한다. 우리는 치명적인 태양광선으로부터 우리를 보호해 주는 오존이라는 우산 밑에서 살고 있는 셈이다.

그런데 롤런드와 몰리나의 연구 결과는 염소 원자가 오존 분자의 분해 속도를 가속시킨다는 것을 보여 주었다. 1단계로 염소 원자는 오존 분자와 만나 일산화염소(chlrorine monoxide, ClO) 분자와 산소 분자를 생성한다.

염소 원자   오존 분자   ClO   산소 분자

2단계에서 ClO(일산화염소)는 산소 원자와 반응해서 산소 분자와 염소 원자를 생성한다.

ClO   산소 원자   산소 분자   염소 원자

　　롤런드와 몰리나는 염소 원자가 두 단계의 반응을 거치면서 오존 생성에는 아무런 영향을 미치지 않은 채, 오존 분해 속도만 가속화시키기 때문에 오존과 산소 분자 사이의 균형이 깨질 수 있다고 제안했다. 오존 분해의 1단계에서 소모되어 없어졌던 염소 원자는 2단계에서 다시 나타나, 결과적으로 오존 분해의 촉매 역할을 한다. 즉 염소 원자 자신은 사라지지 않으면서 오존 분해 속도만 가속화하는 것이다. 이것이 바로 염소 원자가 오존층에 미치는 가장 놀라운 영향이었다(염소 원자가 오존 분자를 분해한다는 사실 때문에 놀란 것이 아니라, 염소 원자가 사라지지 않고 촉매로 남아 계속해서 오존 분해를 반복적으로 일으킨다는 사실에 충격을 받은 것이었다.). 계산에 따르면 CFC 분자를 통해 성층권으로 올라간 염소 원자 하나는 비활성화될 때까지 평균 10만 개의 오존 분자를 분해한다고 한다. 오존층 1퍼센트가 파괴되면 지구 성층권을 통과하

는 자외선의 양은 2퍼센트 더 늘어난다.

롤런드와 몰리나는 자신들의 실험 결과에 근거해 CFC류와 관련 화합물에서 나온 염소들이 성층권에 도달하는 순간 오존층 분해를 시작할 거라고 예측했다. 그들이 연구 결과를 발표했을 당시 이미 매일 수십억 개의 CFC 분자들이 성층권으로 올라가고 있는 중이었다. CFC가 실제적이고 즉각적으로 오존층을 고갈시켜 생명체의 건강과 안전을 위협한다는 소식에 각계의 우려의 목소리가 높아졌지만 정작 CFC가 완전히 사용 금지된 것은 수년이 더 지난 뒤의 일이었다(추가 연구, 보고, 특별 조사, 자발적이고 단계적인 사용 금지, 부분적인 사용 금지 등을 거친 끝에).

CFC를 사용 금지하게 된 정치적 동기는 전혀 예상하지 못했던 곳에서 나왔다. 1985년, 남극 대륙에 대한 여러 연구에서 남극 상공의 오존층이 점점 고갈되고 있음이 드러났다. 사실상 아무도 살지 않는 대륙 상공의 겨울철 오존층에 지구에서 가장 큰 '구멍'이 생길 수 있다는 것은 이해할 수 없는 일이었다(남극 대륙에서 냉각제와 헤어 스프레이를 주문할 일은 거의 없다.). 대기로 배출된 CFC는 한 지역에 국한된 문제가 아니라 전 지구적 문제라는 것이 분명해졌다. 1987년, 남극 지역 상공 성층권을 비행하며 대기를 조사한 결과 오존 농도가 낮은 지역에서 어김없이 일산화염소(ClO)가 측정되었다. 롤런드와 몰리나의 예측이 실험적으로 증명되는 순간이었다. 이들은 8년 뒤인 1995년, CFC가 성층권과 지구 환경에 장기적으로 미치는 영향을 밝힌 공로를 인정받아 노벨 화학상을 공동 수상했다.

1987년 체결된 몬트리올 의정서에 서명한 모든 국가들에게는 CFC 사용을 단계적으로 금지하다 궁극적으로 완전히 금지할 것이 요청되었다. 오늘날은 클로로플루오르카본(chlorofluorocarbon) 대신 하이드로플루오르카본(hydrofluorocarbon)과 하이드로클로로플루오르카본(hydrochlorofluorocarbon)을 냉각제로 사용한다. 이 물질들은 염소를 포함하지도 않을뿐더러, 대기 중에서 더 쉽게 산화되고 성층권까지 올라가는 양이 극히 적어 CFC만큼 반응을 일으키지도 않는다. 하지만 냉각제로서의 효율성은 CFC보다 떨어져 CFC와 똑같은 냉각 효과를 얻기 위해서는 3퍼센트 정도의 에너지가 더 든다.

성층권에는 아직도 수십억 개의 CFC 분자들이 있다. 모든 국가들이 몬트리올 의정서에 서명한 것도 아니고, 서명한 국가라고 할지라도 CFC를 냉각제로 쓰는 수백만 대의 냉장고가 아직도 사용 중에 있으며, 오래돼서 버린 수십만 대의 냉장고에서는 CFC가 새어 나오고 있을 것이다. 여기서 나온 CFC는 천천히 그러나 언젠가는 성층권으로 올라가 기존의 CFC 분자들과 함께 오존층을 파괴할 것이다. 한때 만인의 칭송을 받았던 CFC 분자는 앞으로 수백 년 동안 지속적인 영향을 미칠 것이다. 오존층 파괴로 지표면에 도달하는 고에너지 자외선의 강도가 높아지면 세포와 DNA 분자에 미칠 잠재적인 위험도 더욱 커질 것이고 이는 암 및 돌연변이 발생률의 증가로 귀결될 것이다.

염소의 두 얼굴

처음에 기적의 분자로 여겨졌던 화합물이 예상치 못했던 독성이나 환경적 사회적 피해 가능성을 드러내는 경우가 클로로플루오르카본

류만있는 것은 아니다. 하지만 우리를 놀라게 하는 것은 유기 염소 화합물이 어떤 유기 화합물보다 이런 부정적인 면이 심각하다는 사실이다. 순수한 염소만 보더라도 이런 극단적인 양면성을 볼 수 있다. 전 세계 수많은 사람들은 염소로 소독한 수돗물을 마시고 있다. 물론 다른 물질도 염소와 같은 정수 효과를 발휘하지만 염소보다 훨씬 더 비용이 많이 든다는 단점이 있다.

지난 세기, 공중 보건의 진전을 이룩한 주요 분야 가운데 하나는 깨끗한 식수를 세계 곳곳에 공급한 일이었다(깨끗한 식수 공급은 앞으로도 계속 이루어져가야 할 분야이다.). 염소가 없었다면 이만큼 깨끗한 식수가 가정 곳곳에 보급되기는 힘들었을 것이다. 하지만 염소는 유독성이다. 이 사실은 1권의 다섯 번째 이야기에서 언급했던 독일 화학자 프리츠 하버도 잘 알고 있었다(프리츠 하버는 가스전용 독가스를 연구하고 공기 중의 질소로 암모니아를 합성했던 바로 그 사람이다.). 제1차 세계 대전에 사용된 최초의 유독성 화합물은 연두색의 염소 가스로, 염소 가스를 마시면 우선 숨이 막혀 숨쉬기가 어렵게 된다. 염소는 세포에 매우 자극적이어서 폐와 기도 조직에 치명적인 종기를 유발할 수 있다. 훗날 독가스로 사용된 겨자 가스와 포스겐(phosgene)도 염소를 함유한 유기 화합물이고 염소 가스만큼 무서운 독성을 지니고 있다. 겨자 가스에 노출되었을 때 사망할 확률은 낮지만 영구 시력 상실이나 지속적이고 심각한 기관지 손상이 초래된다. 무색이고 독성이 매우 높은 포스겐은 유독성 분자 가운데 가장 음흉하다. 포스겐은 신체 조직의 즉각적인 반응을 일으키지 않기 때문에 치명적인 양의 포스겐이 몸속에 들어오고 나서야 뒤늦게 흡입 사실을 깨닫게 된다. 포스겐은 폐와 기도 조직에

Cl—CH₂·CH₂—S—CH₂·CH₂—Cl

염소 가스

$$\begin{array}{c} Cl \\ \diagdown \\ Cl \diagup \end{array} C{=}O$$

포스겐

제1차 세계 대전에 사용된 독가스 분자. 염소 원자는 굵은 글씨로 표시되어 있다.

심각한 수포를 일으켜 사람을 질식사시킨다.

PCB의 구조

CFC처럼 초기에 등장할 때 기적의 분자로 환영받았던 수많은 염화 탄소 화합물들도 나중에는 건강에 심각한 위협을 준다는 것이 밝혀졌 다. PCB류로 잘 알려진 폴리염화바이페닐류(polychlorinated biphenyls) 는 1920년대 후반부터 산업적으로 생산되기 시작했다. PCB는 극도 의 안정성(고온에서도 변질되지 않는다.)과 불연성을 높이 평가받아 변압 기, 리액터, 콘덴서, 차단기 등에 쓰이는 이상적인 절연재 및 냉각제 로 여겨졌다. PCB는 다양한 중합체(식품 포장재, 1회용 아기 젖병, 폴리스타 이렌 커피컵 등에 사용)를 제조할 때 가소제(可塑劑)로 사용되었다. 또한 PCB는 인쇄 관련 제품, 먹지 없는 복사지(필기구 또는 타이핑의 압력에 의 해 동시에 여러 장의 복사를 할 수 있는 종이), 페인트, 왁스, 접착제, 윤활유, 진공 펌프 오일 등을 제조할 때에도 사용되었다.

폴리염화바이페닐류는 바이페닐(biphenyl) 분자의 수소 원자를 염소 원자로 치환한 화합물이다.

바이페닐 분자

폴리염화바이페닐류의 구조는 염소 원자들의 개수에 따라서도 달라
지고 염소 원자들이 바이페닐 고리의 어디에 붙느냐에 따라서도 달라
진다. 아래 그림은 두 가지 삼염화바이페닐(trichlorinated biphenyl, 염소 원
자 3개)과 하나의 오염화바이페닐(pentachlorinated biphenyl, 염소 원자 5개)
을 보여 주고 있다.

삼염화바이페닐   삼염화바이페닐

오염화바이페닐

PCB가 제조되기 시작한 지 오래지 않아 PCB 공장 근로자들의 건강 문제가 대두되었다. 많은 공장 근로자들은 클로라크네(chloracne)라는 피부병에 걸렸다. 이 병은 얼굴과 몸에 검은 여드름과 농포(膿疱)가 생기는 병이다. 클로라크네는 PCB 중독의 초기 증상으로, 이후 면역 체계, 신경계, 내분비선, 생식기 계통이 손상될 수 있고 간 질환과 암이 유발될 수 있다. PCB는 기적의 분자는커녕 지금까지 합성된 물질 중 가장 위험한 화합물군에 속한다. PCB가 위협적인 이유는 인간과 동물에게 직접적인 독성을 나타내기 때문이기도 하지만 분자가 너무나 안정적이어서 CFC처럼 처음 세상에 나왔을 때 너무 많이 사용되었다는 데에 있다. PCB는 생태계에서 분해되지 않기 때문에 먹이사슬의 상위로 갈수록 생물 농축 현상을 거치면서 농도가 증가한다. 먹이사슬의 상위에 있는 동물들(북극곰, 사자, 고래, 독수리, 그리고 인간)은 체내 지방 세포의 PCB 농도가 매우 높아지게 된다.

1968년, 사람이 PCB를 직접 섭취했을 때 어떻게 되는지를 전형적으로 보여 준 참혹한 사건이 있었다. 일본 규슈 주민 130명은 PCB에 오염된 식용유를 먹고 몸이 아프기 시작했다. 처음에는 클로라크네 증상이 나타나고 숨을 쉬기 어렵고 앞이 잘 안 보이는 증상이 나타났다. 장기적으로는 선천성 결함을 가진 태아가 태어나거나 간암에 걸릴 확률이 정상치보다 15배 높게 나왔다. 1977년, 미국은 PCB 함유 물질의 방류를 금지했다. 인류 건강과 지구 건강에 악영향을 미치는 PCB의 독성을 보고하는 수많은 연구 결과들이 발표된 지 한참이 지난 1979년, 마침내 PCB의 제조가 금지되었다. 그러나 PCB를 금지하는 규제에도 불구하고 아직도 수백만 킬로그램의 PCB가 사용되고 있거나 안전하게 폐기 처분되기를 기다리고 있다. PCB는 지금도 생태계로 흘러 들어가고 있다.

침묵의 봄을 부른 살충제 DDT

염소 화합물들 중에는 의도하지 않게 생태계에 흘러 들어간 것이 아니라 일부러 사람들이 생태계에 뿌린 것이 있다. 바로 살충제다. 살충제는 수많은 나라에서 수십 년간 막대한 양으로 생태계에 뿌려졌다. 염소 화합물은 지금까지 나온 살충제 중에서 가장 효과적인 살충제에 속한다. 애초에는 매우 안정적인(생태계에서 분해되지 않는다.) 이 살충제가 바람직한 것으로 여겨졌다(한 번 뿌리면 효과가 수년간 지속될 수 있었으니까.). 처음에는 이 생각이 맞았다. 하지만 불행하게도 결과가 언제나 예측대로 되는 것은 아니었다. 염소를 함유한 살충제를 사용함으로써 인류는 엄청난 혜택을 입었지만 전혀 예상치 못했던 치명적인 부작용도 초래되었다.

염소 함유 살충제 가운데 특히 DDT 분자는 우리가 누릴 수 있는 혜택과 위험 사이의 모순을 극명하게 보여 주었다. DDT는 1,1-다이페닐에테인(1,1-diphenylethane)의 유도체이며 다이클로로-다이페닐-트라이클로로에테인(dichloro-diphenyl-trichloroethane)의 약자이다.

DDT가 처음 만들어진 것은 1874년이지만, DDT가 강력한 살충제로 인식된 것은 1942년 제2차 세계 대전 중, 장티푸스의 확산을 저지하고 병균을 옮기는 모기 유충을 박멸하기 위해 분말 형태의 DDT가

다이클로로

다이페닐

트라이클로로

1,1-다이페닐에테인

다이클로로-다이페닐-트라이클로로에테인,
혹은 DDT

사용되면서부터였다. 에어로졸 캔에 DDT를 채워 넣은 것을 "벌레폭탄(bug bombs)"이라 했는데 이것은 남태평양에서 미군들이 널리 사용했던 것이다. 벌레폭탄은 엄청난 양의 CFC와 DDT를 동시에 방출함으로써 생태계에 이중으로 악영향을 미쳤다.

1970년 이전에 300만 톤의 DDT가 제조·사용되었으며, 환경에 미치는 DDT의 영향에 대한 우려와 DDT에 내성이 생긴 벌레가 출현할지도 모른다는 우려가 이미 현실화되었다. 야생 생물, 특히 먹이사슬의 맨 꼭대기에 있는 독수리나 매 같은 맹금류는 DDT의 직접적인 영향을 받은 것이 아니라 DDT 분해 산물의 영향을 받았다. DDT와 DDT 분해 산물 모두 지용성 물질로, 동물 조직에 축적된다. 조류의 경우 분해 산물은 알껍데기에 칼슘을 공급하는 효소의 생성을 막는다. 따라서 DDT에 노출된 조류들은 새끼가 부화하기도 전에 껍질이 깨져 버리는 매우 약한 알을 낳게 된다. 1940년대 후반부터 독수리와 매 개체수가 급격하게 줄어들었음이 드러났다. 1962년 출판된 『침묵의 봄(*Silent Spring*)』에서 레이철 카슨이 서술했듯이 익충과 해충의 균형이 깨진 주요 원인은 DDT의 사용량 증가 때문이었다.

베트남 전쟁 기간(1962~1970년) 중에는 게릴라가 숨어 있는 밀림의 나뭇잎을 없애기 위해 동남아시아 상공에 수백만 리터의 고엽제(Agent Orange)가 살포되었다(고엽제는 염소 함유 제초제인 2,4-D와 2,4,5-T의 혼합물이다.).

2,4-D

2,4,5-T

이 두 분자가 특별한 독성이 있는 것은 아니었지만 2,4,5-T에는 선천성 결손증, 암, 피부병, 면역 결핍증 등을 일으키는 불순물이 소량 함유되고 있었고, 오늘날까지도 베트남 인들은 이 영향을 받고 있다. 이 불순물은 다이옥신(dioxin)이라는 이름으로 알려진 2,3,7,8-테트라클로로다이벤조다이옥신(2,3,7,8-tetrachlorodibenzodioxin)이다. 원래 화학에서 다이옥신이라는 말은 독성이 없는 유기 화합물군까지 총칭해서 일컫는 말이다.

2,3,7,8-테트라클로로다이벤조다이옥신, 혹은 다이옥신

다이옥신은 사람이 만든 화합물 중 가장 치명적인 물질이다(자연계에는 다이옥신보다 100만 배나 유독한 보툴리눔톡신 A라는 물질이 있긴 하지만). 1976년 이탈리아 세베소에서 산업 폭발이 일어나 다량의 다이옥신이 누출되어 지역 주민과 동물들이 끔찍한 피해(클로라크네, 선천성 결손증, 암)를 입었다. 이 사건이 언론을 통해 크게 보도된 뒤 대중들은 다이옥신이라는 말만 들으면 무조건 나쁜 화합물로 생각하는 고정관념이 생기게 되었다.

고엽제 사용으로 예상치 못했던 건강 문제가 수반되었던 것처럼 또 하나의 염소 화합물, 헥사클로로펜(hexachlorophene)도 전혀 예상치 못했던 건강 문제를 야기했다. 헥사클로로펜은 매우 효과가 뛰어난 살균제로서 1950년대와 1960년대에 비누, 샴푸, 애프터셰이브 로션, 방취제, 구강 청정제 등에 널리 사용되었던 물질이다.

헥사클로로펜

또한 헥사클로로펜은 기저귀, 파우더, 유아용 세면용품 등 유아를 대상으로 하는 제품에도 일상적으로 사용되고 있었다. 그런데 1972년, 동물을 대상으로 한 실험에서 헥사클로로펜이 두뇌와 신경계에 심각한 손상을 초래한다는 결과가 발표되면서 헥사클로로펜은 처방전 없이 살 수 있는 약품 목록에서 제외되었으며 유아용품에도 첨가할 수 없게 되었다. 하지만 특정 세균에 대한 살균 효과가 워낙 뛰어나 독성에도 불구하고 좌창(痤瘡, 피부 속의 뼈와 살이 입은 상처)을 치료하는 경우나 수술 기구를 세척하는 용도로 제한적으로 사용되고 있다.

마취제 클로로포름

염화탄소 화합물이라고해서 무조건 건강에 해로운 물질만 있는 것은 아니다. 살균 효과를 지닌 헥사클로로펜의 외에도 의약품으로서 큰 가치를 지닌 염화탄소 화합물이 한 가지 있다. 1800년대 중반까지만 해도 수술은 마취 없이 이루어졌다(수술할 때의 고통이 무감각해지기를 바라는 마음으로 종종 알코올을 흥건하게 바르는 경우도 있었다.). 어떤 의사들은 수술하다가 자신들이 감염될까 봐 알코올을 마시고 수술하기도 했다. 그러던 1846년 10월, 보스턴의 치과 의사 윌리엄 모턴은 에테르를 사용해서 마취 상태(narcosis, 일시적인 무의식 상태)를 유도할 수 있음을 성공적으로 증명했다. 에테르를 사용하면 고통 없는 수술을 할 수 있다는 소문이 순식간에 퍼져나가자 곧 다른 화합물들도 마취 특성을 갖고 있는지 연구되기 시작했다.

스코틀랜드 인 의사이자 에든버러 의과 대학 산부인과 교수인 제임스 영 심프슨은 특정 화합물이 마취제로서 가능성 있는지 여부를 판단하는 독특한(?) 방법을 고안했다. 심프슨은 자신의 저녁식사에 초대된 손님들에게 여러 물질을 흡입하는 실험을 자기와 함께 해 보자는 요청을 했다고 한다. 클로로포름(chloroform, CHCl₃, 1831년에 처음 합성)은 심프슨의 테스트를 확실히 통과했다. 실험을 하느라고 클로로포름을 들이킨 심프슨과 그의 손님들이 인사불성이 되어 식당 마룻바닥에 쓰러진 것이다. 심프슨은 즉시 자신의 환자들에게 클로로포름을 사용했다.

$$H-\overset{\displaystyle Cl}{\underset{\displaystyle Cl}{C}}-Cl \qquad\qquad H_3C-CH_2-O-CH_2-CH_3$$

클로로포름   에테르(다이에틸에테르)

클로로포름은 마취제로서 에테르보다 장점이 훨씬 많았다. 클로로포름은 에테르보다 마취 속도도 빠르고 냄새도 더 좋았고 사용량도 더 적었다. 또한 에테르를 사용했을 때보다 수술 후 깨어나는 속도도 더 빨랐고 기분도 덜 불쾌했다. 에테르는 가연성이 너무 높은 것도 문제였다. 에테르는 주위에 산소가 있으면 폭발성을 띠기 때문에 수술을 하다가 수술 도구끼리 부딪혀 아주 작은 스파크만 튀어도 점화했다.

클로로포름 마취는 수술실마다 즉시 사용되었다. 일부 환자들은 수술 도중에 사망했지만 대수롭지 않게 여겨졌다. 수술은 최후의 보루로 선택하는 것이었고 마취제를 사용하지 않았을 때도 수술 중의 충격으로 환자들이 사망했으므로 그 정도 사망률은 당연한 것으로 여겨졌다. 수술은 신속하게 진행되었으므로(마취제가 없을 때 생긴 관행이다.) 환자들은 클로로포름을 오랫동안 맡을 필요가 없었다. 미국 남북전쟁 당시 약 7000명이 (전쟁터에서) 클로로포름으로 마취된 상태에서 수술을 받았고, 40명 미만이 마취제 때문에 사망한 것으로 추정된다.

마취가 수술에 보편적으로 사용된 것은 대단한 진전으로 여겨졌지만 출산에 마취를 사용하는 것은 논란이 많았다. 산모에게 클로로포름 사용하기를 주저한 것은 어느 정도 의학적인 이유가 있었다. 일부 의사들은 학문적 입장에서, 클로로포름이나 에테르가 아직 태어나지 않은 태아의 건강에 미칠 영향에 대해 우려를 표명했다(그들은 마취 상태에서 분만을 했을 경우 자궁 수축이 줄어들고 유아 호흡률이 떨어졌다는 관측 보고를 인용했다.). 그런데 이 문제는 유아의 안전이나 산모의 건강에 대한 고려 이상의 함축적인 의미를 담고 있었다. 도덕적 · 종교적 관점에서 바라볼 때 출산의 고통은 꼭 필요한 것이고 올바른 것이라는 신념이 견지되고 있었던 것이다. 창세기에 따르면 에덴에서 이브가 하느님의 말씀을 어긴 죄로 이브의 후손인 여성들은 출산의 고통을 겪는 운명이 되었다("네가 수고하고 자식을 낳을 것이며"). 이 성경 구절을 엄격하게 해석하면 산통을 경감하려는 어떤 시도도 하느님의 뜻에 어긋나는 것이 된다. 이보다 더 엄격한 시각을 가진 사람들은 산고를 죄값(성교한 죄를 의미했을 것이다. 19세기 중반에 아기를 가질 수 있는 방법은 성교밖에 없었다.)으로 보았다.

그런데 1853년, 영국의 빅토리아 여왕이 클로로포름의 도움으로 그녀의 여덟 번째 아기, 레오폴드 왕자를 출산했다. 1857년, 비어트리스 공주를 임신한 빅토리아 여왕이 아홉 번째 출산(이 출산이 마지막 출산이었다.)에서도 이 마취제를 사용하기로 결정하자 클로로포름의 사용을 인정하자는 사회 분위기가 가속화되었다(명망 높은 영국 의학 전문지 《란셋(The Lancet)》에서는 빅토리아 여왕의 주치의들을 비난하는 목소리가 높

왔지만 말이다.). 영국과 유럽 각국에서 클로로포름은 산모가 출산할 때 선택할 수 있는 마취제가 되었다. 한편 북아메리카에서는 클로로포름보다 에테르를 더 많이 쓰고 있었다.

20세기 초, 산통을 억제하는 새로운 물질이 독일에서 빠르게 호응을 받아 유럽으로 신속하게 퍼져나갔다. 이 물질의 이름은 트와일라이트 슬립으로 스코폴라민과 모르핀의 제재로 되어 있다(열두 번째와 열세 번째 이야기에서 언급된 바 있다.). 모르핀은 산통이 시작될 때 극소량 투여되는데, 진통을 완전히 없애 주지는 못하지만 경감시키는 효과가 있다(특히 출산 시간이 많이 걸리고 산모가 힘들어할 때). 스코폴라민은 수면을 유도한다. 그리고 이것보다 더 중요한 이유(의사들이 모르핀과 함께 스코폴라민을 처방하는)가 있는데, 스코폴라민은 산모의 출산 기억을 지운다. 트와일라이트 슬립은 산통을 해결하는 이상적인 방법으로 여겨진 나머지 1914년, 미국에서는 트와일라이트 슬립 사용을 촉진하자는 대중 운동이 일어났을 정도였다. 미국 트와일라이트 협회(The National Twilight Association)에서는 책자를 발간하고 이 약물의 장점을 격찬하는 강연을 개최했다.

의료계에서 트와일라이트 슬립에 대해 심각한 우려를 표명하자 여론은 환자를 통제하려는 무감각하고 냉정한 의사들의 이야기라고 치부했다. 트와일라이트 슬립은 정치적인 이슈가 되어 여성 투표권 획득 운동의 일부가 되었다. 오늘날 이 운동을 되돌아봤을 때 좀 이상한 것은 여성들이 트와일라이트 슬립을 투약받으면 출산의 고통이 사라진다고 믿었다는 점이다. 실은, 트와일라이트 슬립을 투약받은 여성이나 투약받지 않은 여성이나 산통을 겪기는 마찬가지였지만 스코폴라민 투약으로 산통의 기억이 지워져 버린 것이다. 트와일라이트 슬립은 평온하고 고통 없는 출산이라는 환상을 제공한 셈이다.

이 장에서 이미 언급된 다른 염화탄소 화합물처럼 클로로포름도 어두운 면이 있음이 드러났다(수술 환자들과 의료계에 엄청난 축복이 되었음에도 불구하고). 오늘날 클로로포름은 간과 신장에 손상을 일으킨다고 알려져 있고 클로로포름에 많이 노출되면 암에 걸릴 확률이 높아진다고 한다. 또한 각막에 손상을 줄 수 있고 피부가 갈라지기도 하며 마취 효과와 함께 피로, 메스꺼움, 불규칙한 심장 박동이 수반되기도 한다. 클로로포름이 고온, 공기, 빛 등에 노출되면 염소, 일산화탄소, 포스겐, 염화수소 등을 생성하는데 이들은 모두 유독성 물질이다. 오늘날 클로로포름을 제조할 때에는 보호복과 도구를 사용한다. 초창기 클로로포름을 만들던 시절 사람들은 상상도 못할 모습이다. 하지만 100년 전에는, 클로로포름의 부정적인 면이 알려졌다고 해도 클로로포름을 악당이라기보다는 신이 주신 선물로 여겼을 것이다. 특히 달콤한 냄새가 나는 클로로포름을 고맙게 생각하며 들이마신 수십만 명의 수술 환자들은 더 그러했을 것이다.

수많은 염화탄소 화합물이 악당 소리를 듣는 것은 당연하지만 악당이라는 말이 더 잘 어울리는 사람들이 있다. 방류하면 안 된다는 것을 알면서도 PCB를 강에 버린 사람들, CFC가 오존층을 파괴한다는 사실이 증명된 뒤에도 CFC 금지에 반대한 사람들, 토지와 수자원에 살충제(불법이든 합법이든)를 마구잡이로 뿌린 사람들, 공장과 실험실의 안전보다 이익을 앞세운 사람들이 그런 사람들이다.

이제 우리는 독성이 없고, 오존층을 파괴하지 않고, 환경에 해롭지 않고, 암을 일으키지 않고, 가스전에 사용된 적이 없는 수백 가지의 유기 염소 화합물을 만들고 있다. 이 물질들은 우리 가정과 산업, 학교와 병원, 자동차와 선박과 비행기에 사용되고 있다. 이 물질들은 세상을 떠들썩하게 만들지도 않고 아무런 해도 끼치지 않는다. 게다가 세상을 바꾼 물질이라고 이야기할 정도도 아니다.

염화탄소 화합물은 인류 사회에 가장 많은 피해를 끼쳤거나 끼칠 가능성이 있는 물질인 동시에 인류 사회 발전에 가장 많은 혜택을 준 물질이라는 사실에 그 모순이 있다. 마취제가 없었으면 수술은 고도 기술을 요하는 의학의 한 분과로 발전할 수 없었다. 냉각제가 선박, 기차, 트럭 등에 사용되면서 새로운 교역의 기회가 창출되어 개발도상국의 경제 성장과 번영을 가져왔다. 가정용 냉장고가 보급되면서 음식을 안전하고 편리하게 보관할 수 있게 되었다. 우리는 에어컨의 편리함을 당연하게 누리게 되었고 마시는 물이 썩을까봐 염려하는 일은 없어졌다. 전기 변압기가 터져서 화재가 발생할까봐 불안해하지도 않는다. 그리고 벌레들이 옮기는 질병들은 사라지거나 발병률이 크게 감소했다. 현대인이 염화탄소 화합물의 긍정적인 효과를 도외시하기는 어려울 것이다.

화학 분자 대 말라리아, 퀴닌 이야기

말라리아(malaria)라는 말은 이탈리아 어 '말 아리아(mal aria)'에서 나온 말로 '나쁜 공기'라는 뜻이다. 이렇게 된 연유는 수세기 전부터 사람들이 말라리아가 저지대 습지 위를 떠다니는 유독한 안개와 증기에서 나온다고 믿었기 때문이다. 말라리아는 미생물 크기의 기생충에 의해 전염되는 질병으로 인류 역사상 가장 많은 목숨을 앗아간 질병이다. 오늘날에도 매년 세계적으로 300~500만에 이르는 사람들이 이 병에 감염되어 200~300만 명이 사망하고 있다(보수적으로 계산한 것이다.). 더군다나 이들은 주로 아프리카의 어린이들이다. 다른 질병과 비교해 보자. 1995년 자이레에서 에볼라 바이러스가 발병해 6개월 만에 250명의 목숨을 앗아갔다. 이 숫자의 20배가 넘는 아프리카 사람들이 매일 말라리아로 죽어 가고 있다. 말리리아는 에이즈(AIDS)보다 전파 속도가 더 빠르다. 통계에 따르면 HIV 양성 반응자 1명은 2~10명을 감염시키지만 말라리아 감염 환자는 수백 명을 감염시킬 수 있다.

사람을 감염시키는 말라리아 원충(*Plasmodium*)에는 네 종(*P. vivax,*
P. falciparum, P. malariae, P. ovale)이 있다. 모두 말라리아의 전형적인
증상(고열, 오한, 끔찍한 두통, 근육 통증)을 일으킨다. 또한 이 증상들은 수
년 뒤에 다시 발병할 수도 있다. 이중에서 가장 치명적인 것은 열대열
원충(*Plasmodium falciparum*)이다. 나머지 종들은 가끔 '온순한' 말라
리아라고 불리지만 이들이 사회 보건과 생산성에 미치는 영향은 결코
온순하다고 할 수 없다. 말라리아열(malaria fever)은 주기적으로 오르
내리면서 2~3일에 한번씩 급격하게 상승한다. 가장 치명적이라고
이야기했던 열대열 원충의 경우 열이 주기적으로 오르는 증상은 드물
고 대신 병이 진행되면서 환자는 황달에 걸리고 기면 상태에 빠지며
의식에 혼동이 생기다가 혼수 상태에서 결국 사망하게 된다.

말라리아는 학질모기(anopheles mosquito)가 여러 사람의 피를 빨 때
전파된다. 암모기는 알을 낳기 전에 배불리 피를 섭취해야 한다. 암모
기가 말라리아에 감염된 사람의 피를 빨면 말라리아 원충은 모기의
내장 속으로 들어가 생명 활동을 계속하다가 모기가 다른 사람의 피
를 빨 때 그 사람에게 옮겨간다. 이때부터는 사람의 간에서 생장하게
된다. 약 1주일이 지나면 말라리아 원충은 혈류를 따라 돌아다니면서
적혈구 안에 들어가 학질모기가 피를 빨아 주기를 기다린다.

우리는 말라리아를 열대나 아열대에서 볼 수 있는 질병으로 생각
하지만 최근까지만 해도 말라리아는 온대 기후 지역에도 넓게 퍼져
있었다. 수천 년 전에 쓰인 중국, 인도, 이집트의 고대 문헌을 보면 열
병(말라리아열일 확률이 아주 높다)을 언급한 부분을 볼 수 있다. 이탈리아

어 '말라리아'에 해당하는 영어식 표현은 'ague'(학질)이다. 잉글랜드와 네덜란드의 해안가 저지대는 말라리아가 매우 흔했다. 이 지역은 습지가 광범위하게 펼쳐져 있고 물이 천천히 흐르거나 고여 있어 모기가 서식하기에 이상적인 곳이었다. 말라리아는 위도가 더 높은 지역(스칸디나비아 반도, 미국 북부, 캐나다)에도 출현했다. 말라리아는 보스니아 만 근처의 스웨덴과 핀란드 같은 북극권과 매우 가까운 지역에서도 나타났다. 말라리아는 지중해 및 흑해 연안의 많은 국가에서도 풍토병으로 유행했다.

학질모기가 창궐하는 곳이면 어김없이 말라리아가 유행했다. 로마도 치명적인 말라리아(swamp fever)로 악명이 높았는데 콘클라베(conclave, 로마 교황을 뽑는 추기경들의 모임)가 열릴 때마다 참석한 추기경들의 상당수가 말라리아로 사망했다. 크레타 섬과 그리스 본토의 펠로폰네소스 반도에 사는 사람들(뿐만 아니라 우기와 건기가 뚜렷한 지역의 사람들)은 여름 동안 가축을 데리고 높은 고원 지대로 이동하고는 했다. 이것은 여름 목초지를 찾아나서기 위해서이기도 했지만 해안가 습지의 말라리아로부터 피신하기 위한 것이기도 했을 것이다.

말라리아는 가난한 사람, 부자, 유명인을 가리지 않았다. 알렉산드로스는 말라리아로 사망한 것으로 생각된다. 아프리카 탐험가 데이비드 리빙스턴도 말라리아로 사망했다. 군대는 특히 말라리아에 취약했다. 군인들은 텐트나 임시 거처나 야외에서 자기 때문에 밤에 활동하는 모기들에게 물릴 확률이 높았다. 미국 남북 전쟁 기간 중, 해마다 말라리아가 발생했는데 그때마다 군인들의 절반 이상이 말라리아에 걸렸다. 나폴레옹의 군대가 러시아에 패할 수밖에 없었던 이유로 말라리아가 하나 더 추가될 수 있지 않았을까(적어도 그들이 모스크바로 진격을 개시했던 1812년 늦여름과 가을 동안만큼은)?

말라리아는 20세기 중반까지만 해도 세계적인 문제였다. 1914년, 미국에서 50만 명이 넘는 말라리아 환자가 발생했다. 1945년, 전 세계적으로 약 20억 명의 사람이 말라리아 발생 지역에 살고 있었고 일부 국가에서는 인구의 10퍼센트가 말라리아에 감염되어 있었다. 이런 지역에서는 말라리아 감염으로 인해 종업원의 35퍼센트가 출근을 하지 못했고 취학 아동의 50퍼센트가 학교에 결석했다.

신비의 키나나무

이러한 통계를 감안해 볼 때 수세기 동안 말라리아를 저지하기 위해 수많은 방법들이 시도된 것은 당연한 일이었다. 말라리아 퇴치를 위한 치료제 중에는 우리가 주목할 만한 세 가지 분자들이 있는데 이 분자들은 우리가 앞에서 언급했던 분자들과 흥미롭고 놀라운 관계를 맺고 있다. 그 첫 번째 분자는 퀴닌(quinine)이다.

안데스 산맥의 해발 900~1200미터 지역에는 껍질에 알칼로이드 분자(이 물질이 없었다면 세상은 지금과 많이 다른 모습이 되었을 것이다.)를 함유하고 있는 나무가 자생하고 있다. 이 나무와 같은 속에 속하는 나무는 약 40종이며 모두 킨코나(Cinchona) 속 나무이다. 킨코나 속 나무들은 안데스 산맥 동쪽 비탈(콜롬비아 남부에서 볼리비아에 이르는)에서 자생하는 식물이다. 이 지역 주민들은 오래전부터 킨코나 속 나무 껍질의 효능(껍질을 우려낸 차를 마시면 열이 잘 내려간다는)을 알고 이 사실을 후손들에게 대대로 전수해 왔다.

유럽의 탐험가들이 안데스 산맥에서 자생하는 킨코나 속 나무껍질의 말라리아 처방 효과를 알게 된 경위를 설명하는 일화는 많이 있다. 그중의 한 일화로는 말라리아에 걸린 한 스페인 병사가 연못(이 연못 주위에는 킨코나 속 나무들이 많았다고 한다.)의 물을 마셨는데 기적적으로 열이 내렸다는 이야기가 있다. 또 다른 일화로는 친촌 백작 부인인 도나 프란치스카 엔리케 드 리베라에 대한 이야기가 있다. 그녀의 남편 친촌 백작은 1629년부터 1639년까지 페루에서 총독으로 부임하고 있었는데 1630년대 초반 도나 프란치스카가 말라리아에 걸려 심하게 앓아 누웠다. 유럽의 전통 요법으로는 효과가 없자 그녀의 주치의는 페루 지역의 민간 요법인 킨코나(*Cinchona*) 속 나무를 사용했다. 킨코나라는 속명은 친촌(Chinchon) 백작 부인의 이름을 따서 지은 것이다(비록 철자가 다르지만 말이다.). 그녀는 킨코나 속 나무 껍질에 있는 퀴닌 덕분에 말라리아를 치료할 수 있었다.

이런 일화들은 말라리아가 유럽 인들이 신세계에 도착하기 전부터 자생한 것이라는 주장의 근거로 인용되었다. 하지만 신대륙 원주민들이 키나(*kina*, 킨코나 속 나무들, 기나 나무라고도 한다.—옮긴이)의 해열 효과를 알고 있었다고 해서 말라리아가 아메리카에 자생했다고 볼 수는 없는 일이다(kina는 페루 어이고 스페인 어로는 quina가 된다.). 콜럼버스가 신대륙에 도착한 것은 도나 프란치스카가 퀴닌을 섭취한 것보다 1세기 훨씬 이전의 일이다. 이 기간은 콜럼버스 선원들을 비롯한 초기 탐험대원들에게 잠복해 있던 말라리아 원충이 신대륙에 자생하는 학질

모기로 옮겨가 아메리카 원주민들에게 퍼지기에 충분한 시간이다. 콘키스타도레스(conquistadores, 신대륙 정복자)가 도착하기 수세기 전에, 아메리카 원주민들이 키나(킨코나 속 나무들) 껍질로 내린 열이 말라리아열이라는 증거도 없다. 오늘날 의학사학자들과 인류학자들은 말라리아가 아프리카 및 유럽에서 신대륙으로 이동한 것으로 보고 있다. 아마도 유럽 인과 아프리카 노예를 통해 말라리아가 신대륙으로 확산되었을 것이다. 16세기 중반, 서아프리카(말라리아가 성행한 지역이다.)에서 신대륙에 이르는 노예 무역망은 이미 잘 형성되어 있었다. 친촌 백작 부인이 페루에서 말라리아에 감염된 1630년대는, 이미 수세대 전에 말라리아 원충에 감염된 아프리카 인과 유럽 인이 아메리카 대륙으로 건너와 방대한 말라리아 감염원을 형성한 터라 말라리아 원충이 아메리카 대륙 곳곳으로 퍼져 나갈 준비가 되어 있었던 것이다.

키나 껍질이 말라리아를 치료할 수 있다는 소식은 급속히 유럽으로 퍼져나갔다. 1633년 안토니오 데 라 칼라우차 신부는 "열병 나무(fever tree)" 껍질이 놀라운 효과가 있다고 기록했다. 페루의 예수회 사람들도 말라리아 예방과 치료에 키나 껍질을 사용하기 시작했다. 1640년대 바르톨로메 타푸르 신부가 키나 껍질을 로마에 가져오자 키나가 말라리아를 치료한다는 소식이 성직자들 사이에 퍼졌다. 1655년은 콘클라베에 참석한 추기경들이 아무도 (말라리아로) 사망하지 않은 최초의 해가 되었다. 곧이어 예수회 사람들이 많은 양의 키나 껍질을 수입해서 유럽 전역으로 판매하기 시작했다. 예수회의 가루(Jesuit's powder)라고 불린 키나 껍질은 그 명성에도 불구하고 유독 영국의 신교도들은 전혀 좋아하지 않았다. 올리버 크롬웰은 가톨릭교도의 치료약(키나 껍질)을 먹을 수 없다고 거부하다가 1658년 끝내 말라리아로 세상을 등지고 말았다.

1670년, 새로운 말라리아 치료제가 등장해 각광을 받았다. 런던의 약제사이자 의사였던 로버트 탈보는 대중들에게 예수회의 가루의 위험성을 알아야 한다고 경고하면서 자신이 만든 비약을 권장했다. 탈보 치료제는 영국과 프랑스 왕실에서 사용되었다. 탈보 치료제의 놀라운 효과 덕분에 프랑스 루이 14세의 아들과 영국의 찰스 2세는 말라리아로부터 목숨을 구할 수 있었다. 기적 같은 효과를 일으킨 탈보 치료제의 성분은 탈보가 사망한 뒤에 밝혀졌다. 그것은 예수회의 가루, 즉 킨코나 속 나무껍질 가루였다. 탈보는 틀림없이 돈을 많이 벌었을 것이다(아마도 이것이 그의 주된 동기였을 것이다.). 어쨌거나 탈보의 속임수 덕분에 가톨릭교도의 치료약을 쓰지 않겠다던 수많은 신교도들은 생명을 구할 수 있었다. '오한'으로 알려진 이 병이 퀴닌으로 치료되었다는 것은 이 열(수세기 동안 유럽 대부분을 휩쓸었던)이 사실상 말라리아열이었다는 것을 증명하는 것이다.

이후 3세기 동안 말라리아가 발병하면 키나 껍질로 치료했다. 말라리아 외에 소화 불량, 열, 모발 손실, 암 등을 비롯한 수많은 질병에도 키나 껍질을 처방했다. 예수회의 가루가 어떤 나무에서 나온 것인지 보편적으로 알려진 것은 1735년 이후의 일이다. 1735년, 프랑스 식물학자 조제프 드 쥐시외는 남아메리카 열대 우림의 고지대를 탐험하다가 쓴맛 나는 키나 껍질이 높이가 20미터 정도 되는 활엽수(여러 종의)에서 나온 것임을 알았다. 이 나무는 커피나무와 같은 꼭두서닛과(Rubiaceae) 나무였다. 키나 껍질에 대한 수요는 수그러들 줄 몰라서 키나 껍질 채취는 주요 산업이 되었다. 나무를 베지 않고도 껍질을 벗길 수 있었지만, 나무를 벌목해서 껍질을 모조리 다 벗기면 더 많은 돈을 벌 수 있었다. 18세기 후반, 매년 2만 5000그루의 키나가 벌목된 것으로 추정된다.

키나 껍질의 원가가 올라가고 키나가 멸종할 가능성이 높아짐에 따라 말라리아에 효능을 발휘하는 분자를 분리·규명·제조하는 것이 중요한 목표가 되었다. 퀴닌이 처음 분리(불순물이 섞여 있었을 테지만) 된 것은 1792년으로 여겨진다. 1810년경, 키나 껍질에 어떤 물질이 들어 있는지 알기 위해 전면적인 조사에 착수하게 된다. 마침내 1820년,

킨코나 속의 일종. 이 나무의 껍질에서 퀴닌을 얻는다. (사진 제공 L. Keith Wade)

연구원 조제프 펠레티에와 조제프 카벤토는 퀴닌을 추출해서 정제하는 데 성공했다. 파리 과학 재단은 두 프랑스 화학자에게 총 1만 프랑의 상금을 수여해 그들의 귀한 업적을 기렸다.

키나 껍질에서 발견된 약 30종의 알칼로이드 가운데 말라리아 치료제로서 활성 물질은 퀴닌이었다. 퀴닌의 화학 구조는 20세기 중반이 되어서야 완전히 결정되었다. 따라서 이 당시 퀴닌을 합성하려는 시도가 성공할 확률은 극히 적었다. 퀴닌을 합성하려는 노력의 일환으로 영국의 젊은 화학자 윌리엄 퍼킨(아홉 번째 이야기에서 만난 적이 있다.)을 들 수 있다. 그는 2개의 알릴톨루이딘(allyltoluidine) 분자와 3개의 산소 원자를 결합해 퀴닌(과 물)을 생성하려고 했다.

$$2C_{10}H_{13}N + 3O \rightarrow C_{20}H_{24}N_2O_2 + H_2O$$

알릴톨루이딘　　산소　　　퀴닌　　　물

알릴톨루이딘의 화학식($C_{10}H_{13}N$)이 퀴닌 화학식($C_{20}H_{24}N_2O_2$)의 거의 절반이라는 것에 근거해서 착수한 그의 1856년 실험은 실패할 수밖에 없었다. 알릴톨루이딘의 구조식과 이보다 더 복잡한 퀴닌의 구조식은 다음과 같다.

2개의 알릴톨루이딘 분자와 3개의 산소 원자는 퀴닌을 생성하지 않는다 퀴닌을 합성하는 데는 실패했지만 퍼킨의 실험은 모브라는 매우 알찬 결실을 맺어 (돈도 많이 벌고) 염료 산업 및 유기 화학의 발전에 크게 기여했다.

19세기 산업 혁명을 통해 번영한 영국을 비롯한 유럽은 비위생적이고 습지가 많은 농장의 환경 문제를 다룰 수 있는 경제적 여유가 생겼다. 대규모의 하수도 건설 계획이 세워져 소택지와 늪을 더 생산성 있는 농장으로 바꿔 놓았다. 즉 모기들의 서식지였던 고여 있는 물이 사라지면서 과거 말라리아가 극심했던 지역의 말라리아 발병률이 감소했다. 하지만 퀴닌의 수요는 줄어들지 않았다. 오히려 아프리카와 아시아에 유럽의 식민지가 늘어나면서 말라리아 예방을 위한 퀴닌이 더 많이 필요해졌다. 영국인들이 말라리아 예방약으로 퀴닌을 챙기는 습관은 매일 밤 진토닉을 한 잔씩 마시는 문화로 발전했다(토닉워터에 들어 있는 퀴닌의 쓴맛을 희석시키는 데 진이 꼭 필요했다.). 영국의 소중한 식민지(인도, 말레이 반도, 아프리카, 카리브 해 연안국 등)들도 말라리아 유행 지역이었기 때문에 퀴닌 없이 대영제국은 유지될 수 없었다. 네덜란드, 프랑스, 스페인, 포르투갈, 독일, 벨기에의 식민지들도 역시 말라리아 유행 지역이었다. 전 세계적인 퀴닌 수요는 거대했다.

퀴닌을 합성할 뾰족한 묘안이 없자 다른 방법이 모색된 끝에 대안이 나왔다. 아마존 강 유역의 킨코나 속 나무를 갖고 와 자국의 식민지(동남아시아 등)에서 재배하는 것이었다. 킨코나 속 나무껍질을 팔아서 남는 이윤은 대단히 높았기 때문에 볼리비아, 에콰도르, 페루, 콜롬비아 등은 퀴닌 무역의 독점을 계속 유지하기 위해 살아 있는 킨코나 속 나무나 종자의 수출을 금지했다. 1853년, 자바 섬에 있는 한 식물

원(네덜란드 동인도 회사 소유) 원장이었던 네덜란드 인 유스투스 하스칼은 남아메리카로부터 킨코나 칼리사야(*Cinchona calisaya*) 종자 한 자루를 몰래 입수하는 데 성공했다. 킨코나 칼리사야는 자바에서 무럭무럭 잘 자랐다. 하지만 하스칼과 네덜란드에게 안된 일이지만 이 종은 퀴닌 함량이 비교적 적었다. 영국도 네덜란드와 비슷한 경험을 했다. 영국은 킨코나 푸베스켄스(*Cinchona pubescens*) 종자를 몰래 들여와 인도와 실론 섬에 뿌렸다. 이 나무도 자라기는 잘 자랐으나 껍질의 퀴닌 함량이 3퍼센트(생산 원가를 감안한 최소한의 퀴닌 함량) 이하였다.

1861년, 키나 껍질 무역업자로 다년간 일해 온 오스트레일리아 인 찰스 레저는 한 볼리비아 원주민을 설득해 퀴닌 함량이 매우 높을 것으로 추정되는 킨코나 속 나무의 종자를 구입했다. 영국 정부는 레저가 갖고 온 종자 구입에 관심이 없었다. 영국 정부는 이전의 재배 경험에 비추어 킨코나 속 나무 재배를 채산성이 없는 것으로 보았다. 반면에 네덜란드 정부는 20달러를 주고 레저의 종자 1파운드를 구입했다. 이 종자의 학명은 킨코나 레드게리아나(*Cinchona ledgeriana*)였다. 200년 전 영국은 육두구 무역에서 네덜란드에게 아이소유게놀 분자를 주고 맨해튼 섬을 얻는 현명한 판단을 했지만 이번에는 네덜란드가 현명한 판단을 했다. 네덜란드의 20달러짜리 구매는 역사상 가장 훌륭한 투자로 일컬어진다. 킨코나 레드게리아나의 퀴닌 함량은 13퍼센트나 되었다.

킨코나 레드게리아나 종자는 자바 섬에 심어져 정성스럽게 재배되었다. 이 나무가 다 자라 퀴닌이 풍부한 껍질이 수확되자 남아메리카의 키나 껍질 수출이 줄어들었다. 이런 역사는 15년 뒤에도 반복된다. 영국인 헨리 알렉산더 위크햄이 남아메리카가 원산지인 헤베아 브라실

리엔시스(*Hevea brasiliensis*, 파라고무나무) 씨앗을 몰래 들여오면서 남아메리카의 고무 생산량은 급속하게 줄어들었다(1권의 여덟 번째 이야기 참조).

1930년, 전 세계 퀴닌 생산량의 95퍼센트는 자바 섬의 농장에서 나왔다. 킨코나 속 나무 농장은 네덜란드에 엄청난 부를 안겨 주었다. 퀴닌 분자(더 정확히 말하면 키나 재배에 대한 독점) 때문에 제2차 세계 대전의 규모가 확대되었다. 1940년, 독일은 네덜란드를 침공해서 암스테르담의 키나 사무국(Kina Bureau)에 쌓여 있던 유럽의 퀴닌 재고를 몽땅 압수했다. 1942년, 일본이 자바 섬을 정복하자 말라리아 치료제 공급은 더욱 어려워졌다. 안데스 산맥에서 자생하고 있는 키나 껍질의 공급선을 확보하기 위해 스미스소니언 연구소에 근무하던 레이먼드 포스버그의 인솔 하에 일단의 미국 식물학자들이 안데스 산맥 동부로 파견되었다. 그러나 수톤에 이르는 키나 껍질을 확보할 동안 이들은 퀴닌 함량이 매우 높은(네덜란드 인들이 놀랄 만한 성공을 거둔) 킨코나 레드게리아나 나무를 단 한 그루도 볼 수가 없었다. 열대 지방에서 연합군이 동맹군과 싸우기 위해서는 퀴닌이 필수적이었다. 다시 한번 퀴닌(혹은 말라리아 치료 특성이 있는 퀴닌 유사 분자)의 합성 문제가 매우 중요하게 대두되는 순간이었다.

퀴닌은 퀴놀린(quinoline) 분자의 유도체이다. 1930년대, 여러 개의 퀴놀린 유도체가 개발되어 급성 말라리아 치료에 효과적임이 밝혀졌다. 제2차 세계 대전 중에 말라리아 치료제에 대한 광범위한 연구가 이루어져 4-아미노퀴놀린(4-aminoquinoline)이라는 퀴놀린 유도체가 개발되었다. 4-아미노퀴놀린은 원래 제2차 세계 대전 이전에 독일 화학자가 만든 것으로 오늘날 클로로퀸(chloroquine)으로 알려져 있고 가장 효능이 뛰어난 퀴놀린 유도체이다.

퀴닌(왼쪽 위)과 클로로퀸(아래)은 둘 다 퀴놀린 구조(오른쪽 위)를 가진다. 각각이 갖고 있는 퀴놀린 구조는 동그라미로 표시되어 있다. 화살표는 염소 원자를 가리킨다.

클로로퀸은 염소 원자를 갖고 있다. 즉 클로로퀸은 인류에게 매우 유익한 염화탄소 화합물의 또 하나의 예이다. 클로로퀸은 대부분의 사람들이 부작용 없이 복용할 수 있고 다른 합성 퀴놀린류와 같은 독성도 거의 없기 때문에 40년 이상 동안 안전하고 효과적인 말라리아 치료제로 사용되었다. 하지만 유감스럽게도 지난 수십 년간 클로로퀸에 내성이 생긴 말라리아 원충이 빠르게 확산되어 클로로퀸의 약효가 듣지 않게 되었다. 그 대신 판시다(fansidar)와 메플로퀸(mefloquine) 같은 화합물들이 높은 독성과 부작용(때때로 놀랄만한)에도 불구하고 말라리아 치료약으로 사용되고 있다.

퀴닌의 합성

퀴닌 분자를 합성하려는 노력은 1944년 결실을 보았다고 할 수 있다. 1944년, 하버드 대학교의 로버트 우드워드와 윌리엄 도어링은 간단한 퀴놀린 유도체를 어떤 분자(1918년 이전의 화학자들이 퀴닌으로 변환할 수 있다고 주장했던 물질)로 변환했다. 마침내 퀴닌 합성의 전 과정이 완성되었다고 여겨지는 순간이었다. 그런데 사실은 그렇지 않았다. 이전(1918년)에 발표된 연구 논문은 너무나 개론적이어서 무엇이 실제로 이루어졌는지 확인할 수도 없었고 퀴닌으로 변환할 수 있다는 주장의 유효성 여부도 확인할 수가 없었던 것이다.

천연 유기물을 연구하는 화학자들 사이에 이런 말이 있다. "분자 구조의 타당성을 최종적으로 증명하는 것은 합성이다." 즉 제안된 분자 구조의 타당성을 입증하는 증거들이 아무리 많더라도 그 구조가 옳다는 것을 완벽히 증명하기 위해서는 실험실에서 그 분자를 합성할 수 있어야 한다는 말이다. 퍼킨이 퀴닌 합성을 시도한 지 145년 뒤인 2001년, 뉴욕 소재 컬럼비아 대학교의 명예 교수 길버트 스토크는 동료들과 함께 이것을 해냈다. 이들은 하버드 대학교 연구진과는 다른 퀴놀린 유도체로 시작해서, 하버드 대학교 연구진과 다른 공정을 거쳐 퀴닌 합성의 모든 단계를 수행해 냈다.

퀴닌은 자연계에 존재하는 수많은 분자들과 마찬가지로 꽤 복잡한 구조를 갖고 있을 뿐만 아니라 특정 탄소 원자(퀴닌 분자의) 주변의 다양한 결합들이 공간 속에서 어떤 방향을 취하고 있는지 알아맞혀야 하는 특별한 어려움을 갖고 있다. 퀴닌 분자는 퀴놀린 고리계에 인접한 탄소 원자 주위로 H 원자와 OH기를 갖는다. H 원자의 결합(굵은 쐐기 모양으로 표시)은 이 면을 뚫고 앞으로 튀어나와 있고 OH기의 결합(점선으로 표시)은 이 면을 뚫고 뒤로 나가 있는 모습이다.

OH는 이 면을 뚫고 뒤쪽으로 나가 있다.

H는 이 면을 뚫고 앞쪽으로 나와 있다.

퀴닌 분자

다음 그림은 방금 설명한 퀴닌 분자와 공간 배열이 반대인(탄소 원자를 중심으로 H 원자의 결합 방향과 OH기의 결합 방향이 반대인) 퀴닌 분자를 같이 보여 주는 그림이다. 자연계에서는 대개 짝을 이루는 물질의 경우, 이들 중 한 가지 종류만 나타난다. 하지만 화학자들이 실험실에서 자연계에 존재하는 퀴닌 분자와 똑같은 분자를 합성하려고 하면 방향이 정반대인 2개의 분자가 똑같은 비율로 생성된다. 두 분자는 너무나 유사해서 분리하기가 매우 어렵고 시간도 많이 걸린다. 실험실에서 퀴닌(위)과 방향이 정반대인 퀴닌(아래). 실험실에서 퀴닌을 합성할 때 둘 다 동시에 생성된다.

퀴닌을 합성할 때 원하는 방향과 반대 방향의 결합이 나타나는 탄소는 이것 외에 3개가 더 있다. 따라서 총 4번의 고생스러운 분리 공정을 거쳐야 한다. 이것이 바로 스토크와 그의 동료들이 극복해야 할 과제였다. 반면 1918년 논문에서는 이 문제를 충분히 이해하고 있었다는 근거를 찾아볼 수 없다.

퀴닌은 인도, 자이레와 기타 아프리카 국가의 농장에서 지금도 계속해서 재배되고 있다. 적은 양이지만 페루, 볼리비아, 에콰도르에서도 천연 퀴닌이 생산되고 있다. 오늘날 퀴닌은 주로 퀴닌워터나 토닉 워터 같은 쓴맛 나는 음료수나 심장약인 퀴니딘(quinidine) 생산에 이용된다. 또한 말라리아가 클로로퀸에 내성이 생긴 경우에도 퀴닌은 여전히 효과가 있는 것으로 여겨지고 있다.

모기와 DDT

사람들이 퀴닌을 더 많이 수확하는 방법이나 퀴닌을 합성하는 방법을 찾을 동안 의사들은 말라리아가 일어나는 원인을 규명하기 위해 애쓰고 있었다. 1880년, 알제리에서 프랑스 군의관으로 근무하던 샤를루이알퐁스 라브랑의 발견으로 분자 수준에서 말라리아를 퇴치할 수 있는 새로운 길이 열렸다. 현미경으로 혈액 샘플 슬라이드를 검사하던 라브랑은 말라리아에 감염된 환자의 혈액에 이상한 세포가 들어 있다는 사실을 알았다. 이 세포는 말라리아 원충 생활사의 한 단계에 해당하는 세포였다. 라브랑의 발견은 처음에 기성 의료계의 외면을 받았지만 수년간에 걸쳐 삼일열 원충(*P. vivax*)과 사일열 원충(*P. malariae*), 그리고 이후 열대열 원충(*P. falciparum*)을 규명하면서 마침내 그 가치를 인정받게 되었다. 1891년, 여러 염료를 사용해 특정 말라리아 원충을 식별하는 것이 가능해졌다.

모기가 말라리아 전염 과정에 어떻게든 개입되어 있을 거라는 심증은 진작부터 있었지만 말라리아 원충의 또 하나의 생활사 단계(학질 모기의 내장 조직에 기생하는 단계)가 실제로 규명된 것은 1897년이었다.

이것을 규명한 사람은 인도에서 태어나 인도 대학 병원에서 근무하던 젊은 영국인 의사 로널드 로스였다. 로스의 업적으로 말라리아 원충, 모기, 사람 사이의 복잡한 관계가 마침내 밝혀졌고 생활사 주기의 여러 단계에서 말라리아 원충이 박멸될 수 있다는 사실이 밝혀졌다.

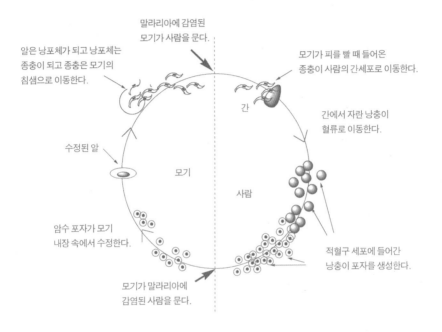

말라리아에 감염된 모기가 사람을 문다.

알은 낭포체가 되고 낭포체는 종충이 되고 종충은 모기의 침샘으로 이동한다.

모기가 피를 빨 때 들어온 종충이 사람의 간세포로 이동한다.

간

간에서 자란 낭충이 혈류로 이동한다.

수정된 알

모기

사람

암수 포자가 모기 내장 속에서 수정한다.

적혈구 세포에 들어간 낭충이 포자를 생성한다.

모기가 말라리아에 감염된 사람을 문다.

말라리아 원충의 생활사 주기. 사람의 적혈구 안에 들어가 있는 낭충은 주기적(48시간 또는 72시간마다)으로 적혈구 세포를 파괴하며 밖으로 빠져나오고 이때 고열이 발생한다.

말라리아의 생활사 주기를 끊을 수 있는 몇 가지 방법이 있다. 간과 혈액에 있는 말라리아 낭충(merozoite)을 없애는 것이 한 방법이 될 수 있다. 또 한 가지 확실한 방법은 말라리아를 매개하는 모기에 집중적으로 대처하는 것이다. 모기에 대처하는 방법으로는 모기의 접근을 아예 차단하거나 성충이나 유충 단계의 모기를 제거하는 방법이 있다. 하지만 모기의 접근을 차단한다는 것은 쉬운 일이 아니다. 제대로 된 반듯한 집짓기도 불가능한 지역에서는 방충망으로 모든 모기를 막을 수는 없는 일이다. 유충 단계의 모기를 제거하기 위해 고여 있거나 천천히 흐르는 물을 모두 빼 버리는 것도 비실용적이다. 고여 있는 수면에 얇은 필름이나 기름을 덮으면 물 속에 있는 모기 유충이 질식해 죽으므로 이 방법은 어느 정도 효과가 있다고 할 수 있다. 하지만 학질 모기를 제거하는 가장 효과적인 방법으로는 뭐니 뭐니 해도 강력한 살충제만 한 것이 없다.

맨 처음 살충제로서 가장 많이 쓰인 것은 염소 화합물인 DDT였다. DDT는 곤충에게만 있는 신경 제어 과정에 장애를 일으킴으로써 살충 효과를 발휘한다. 이런 이유로 살충제로 사용되는 DDT는 곤충에게만 독성을 발휘하고 다른 동물에게는 해가 되지 않는다. DDT가 인체에 들어갔을 때 죽을 수 있는 치사량은 30그램으로 추정되는데 이것은 꽤 많은 양이다(아직까지 DDT로 사람이 죽었다는 보고는 없다.).

DDT 분자

개선된 공중 보건 체계, 더 좋아진 주거 환경, 시골 지역에 사는 인구의 감소, 고여 있는 웅덩이의 대대적인 제거, 지구촌 전역에 보급된 말라리아 치료제 같은 여러 가지 요인들 덕분에 20세기 초, 서유럽과 북아메리카의 말라리아 발병률은 크게 감소했다. 선진국에서 DDT를 사용한다는 것은 말라리아 구제의 최종 단계를 의미했다. 1955년, 세계 보건 기구(World Health Organization, WHO)는 선진국 이외의 지역에서 유행하는 말라리아를 제거하기 위해 DDT를 사용하자는 대대적인 캠페인을 시작했다.

DDT 살포가 시작되었을 때 약 18억의 인구가 말라리아 유행 지역에 거주하고 있었다. 1969년, 이 인구의 약 40퍼센트가 거주하는 지역의 말라리아가 박멸되었다. 일부 국가는 말라리아 퇴치 속도가 경이적이었다. 1947년, 그리스의 말라리아 감염 인구는 약 200만 명이었다. 1972년, 이 수치는 겨우 7명으로 급감했다. 20세기의 마지막 사반세기 동안 그리스가 경제적 번영을 누릴 수 있었던 이유를 물질 가운데서 하나 꼽으라고 하면 그것은 틀림없이 DDT가 될 것이다. 인도의 경우 DDT를 사용하기 전인 1953년, 7500만 명이 말라리아에 감염되어 있었으나 1968년에는 이 수치가 30만 명으로 떨어졌다. 이와 유사한 결과들이 전 세계 곳곳에서 보고되었다. DDT가 기적의 분자로 여겨진 것은 당연한 일이었다. 1975년, WHO는 유럽을 말라리아가 없는 지역으로 선포했다.

DDT는 약효가 오래 가는 살충제였으므로 6개월에 한 번(말라리아가 계절적으로 찾아오는 경우는 1년에 한 번) 뿌리는 것으로 말라리아를 충분히 예방할 수 있었다. DDT는 실내의 벽에 뿌려졌다(암모기는 피를 빨러 다니는 밤을 기다리는 동안 주로 벽에 붙어 있다.). DDT는 뿌린 곳에 그대로 고착되어 있기 때문에(이동하지 않기 때문에) 먹이 사슬에 DDT가 포함되는 일은 없을 거라고 여겨졌다. DDT는 생산 원가도 저렴했다. 게다가 DDT는 곤충 이외의 동물에게는 독성이 거의 없는 것처럼 보였다. 한참 뒤에야 DDT의 생물 농축이 환경에 미치는 파괴적인 영향력이 분명해졌고 그제서야 우리는 화학 살충제 남용이 생태계의 균형을 어떻게 교란시키는지 알게 되었다(생태계의 교란은 더 심각한 해충 문제를 야기한다.).

말라리아를 퇴치하겠다던 WHO의 캠페인은 처음에는 가능성 있어 보였으나, 수많은 이유(DDT에 대한 모기의 내성, 인구 증가, 생태계 변화로 인한 모기 및 모기 유충의 천적 감소, 전쟁, 자연 재해, 공중 보건 수준의 저하, 항말라리아제에 대한 말라리아의 내성)들로 인해 지구상의 말라리아를 모두 박멸하는 것은 생각보다 훨씬 어렵다는 것을 알게 되었다. 1970년대 초, WHO는 지구상에서 말라리아를 완전히 박멸하겠다던 꿈을 접고 말라리아 발생 억제에 노력의 초점을 맞추었다.

분자도 유행을 탄다고 이야기한다면 DDT는 선진국에서 확실히 한물 간 물질이다(한물 간 정도가 아니라 DDT라는 이름만 들어도 불길한 느낌이 든다.). 오늘날 DDT는 많은 나라에서 사용이 금지되었지만 한때 5000만 명의 목숨을 구한 물질이기도 하다. 악명 높았던 DDT의 직접적이고 거대한 혜택으로 말라리아의 위협이 선진국에서는 사라졌지만 아직도 전 세계에는 수백만 명이 말라리아 유행 지역에 살고 있다.

겸상 적혈구와 헤모글로빈

말라리아 유행 지역에 살고 있는 사람들은 대부분 가난해서 학질

모기를 구제(驅除)할 수 있는 DDT나 합성 퀴닌류(이 지역에 여행 온 서양 관광객들은 쉽게 구입할 수 있다.)를 살 수 있는 돈이 없다. 하지만 자연은 이 지역 사람들에게 말라리아에 대항할 수 있는 전혀 새로운 형태의 면역 체계를 제공했다. 사하라 사막 이남 아프리카 인들의 25퍼센트는 겸상(낫 모양) 적혈구 빈혈증을 일으키는 유전자를 보유하고 있다(이 병은 고통스럽고 몸을 쇠약하게 만드는 병이다.). 양쪽 부모가 모두 겸상 적혈구 빈혈증 유전자를 갖고 있을 경우 이들 사이에서 태어나는 아기가 겸상 적혈구 빈혈증에 걸릴 확률은 25퍼센트, 유전자만 갖고 태어날 확률(겸상 적혈구 보인자가 될 확률)은 50퍼센트, 병에 걸리지도 않고 유전자도 갖지 않을 확률은 25퍼센트다.

정상 적혈구는 모양이 둥글고 유연성이 좋아 몸속의 가는 혈관을 통과할 때 모양이 찌그러져도 금방 원상으로 복귀한다. 하지만 겸상 적혈구 빈혈증 환자의 경우 혈관을 통과하면서 찌그러진 모양 그대로 굳어 버린(초승달이나 낫 모양이 된) 적혈구가 무려 50퍼센트에 이른다. 적혈구 세포가 이렇게 낫 모양으로 딱딱하게 굳어 버리면 모세 혈관을 통과하기 어려워지고 급기야 혈관을 막아서 근육 조직 세포나 중요한 장기 세포에 혈액과 산소를 공급하지 못하는 위급 상황이 발생한다. 이 경우 심각한 고통이 야기되고 산소를 공급받지 못한 기관이나 조직은 종종 영구적인 손상을 입게 된다. 또한 우리 몸은 정상 적혈구보다 비정상 겸상 적혈구를 더 빨리 파괴하기 때문에 겸상 적혈구 빈혈증 환자나 보인자(保因者)들은 전체적으로 적혈구 개체수가 감소해 빈혈이 일어난다.

최근까지도 겸상 적혈구 빈혈증으로 인한 사망자는 주로 어린이들이었다(심장병, 신장병, 간 질환, 감염, 뇌졸중 등으로 어린 나이에 목숨을 잃었다.). 현대적인 치료법으로 겸상 적혈구 빈혈증 환자들은, 완치는 안되지만 과거보다 더 오래 더 건강하게 살 수 있게 되었다. 겸상 적혈구 보인자도(혈액 순환에 장애를 일으킬 정도는 아니지만) 적혈구의 겸상화로 영향을 받는다.

말라리아 발생 지역에 겸상 적혈구 보인자들이 거주하는 경우, 겸상 적혈구 빈혈증은 말라리아에 대한 상당한 면역력을 제공하게 된다. 말라리아 발병률이 높은 곳에 겸상 적혈구 보인자가 많은 이유는 진화론적으로 보인자가 되는 것이 유리하기 때문이다. 양쪽 부모로부터 겸상 적혈구 유전자를 물려받은 자녀는 보통 어릴 때 겸상 적혈구 빈혈증으로 사망한다. 양쪽 부모로부터도 겸상 적혈구 유전자를 물려받지 않은 자녀는 말라리아에 걸려 사망할(대개 어린 시절에) 확률이 겸상 적혈구 빈혈증으로 사망할 확률보다 더 높다. 부모 중 한쪽으로부터만 겸상 적혈구 유전자를 물려받은 자녀, 즉 겸상 적혈구 보인자는 말라리아 원충에 면역을 나타내고 성년이 될 때까지 생존한다. 따라서 겸상 적혈구 빈혈증이 그 지역 인구 집단에 존속할 뿐만 아니라 세대를 거듭하면서 증가하게 된다. 말라리아가 없는 지역에서는 겸상 적혈구 보인자가 누릴 수 있는 혜택이 전혀 없기 때문에 얼마 가지 못해 이 유전자는 도태되었을 것이다. 아메리카 원주민들에게 겸상 적혈구가 없다는 사실은 콜럼버스 도착 이전의 아메리카 대륙에는 말라리아가 없었다는 결정적 증거로 여겨진다.

적혈구 세포의 색상이 빨간 것은 헤모글로빈(hemoglobin) 때문이다(헤모글로빈은 우리 몸 구석구석에 산소를 나른다.). 헤모글로빈의 화학 구조가 아주 조금만 바뀌어도 생명을 위협하는 겸상 적혈구 빈혈증이 생긴다. 헤모글로빈은 단백질이다. 즉 비단처럼 아미노산 단위들로 이루어진 중합체이다. 하지만 다양한 배열의 아미노산으로 이루어진 사슬들이 수천 개씩 모여 있는 비단과는 달리 헤모글로빈의 사슬은 아미노산의 순서가 정확하게 정해져 있고 사슬의 개수도 4개밖에 되지 않는다(동일한 사슬 2개가 1세트를 이루어 총 2세트이다.). 4개의 사슬은 철을 함유한 개체(산소가 결합하는 곳) 주변에 서로 얽혀 있다. 겸상 적혈구의 헤모글로빈은 2세트의 사슬 중 1세트(β-사슬)에 있는 아미노산 단위가 정상 헤모글로빈의 아미노산 단위와 다르다. 정상 적혈구의 경우 헤모글로빈의 β-사슬의 여섯 번째 아미노산은 글루타민산이지만 겸상 적혈구는 헤모글로빈의 β-사슬의 여섯 번째 아미노산이 발린(valine)이다.

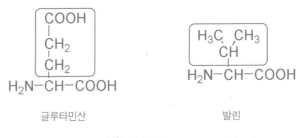

글루타민산   발린

발린과 글루타민산은 곁기 부분(네모 친 부분)이 다르다.

β-사슬은 146개의 아미노산으로 이루어져 있다. α-사슬은 141개의 아미노산으로 이루어져 있다. 따라서 총 287개의 아미노산 가운데 단 1개(전체 아미노산의 약 0.33퍼센트)의 아미노산만이 달라져 겸상 적혈구가 되는 것이다. 겨우 0.33퍼센트의 아미노산이 달라졌을 뿐이지만

양쪽 부모로부터 겸상 적혈구 유전자를 물려받은 자녀들이 받는 영향은 치명적이다. 1개의 아미노산에서 곁기가 차지하는 비율을 0.33으로 본다면, 실제로는 총 287개의 아미노산 가운데 0.33개(전체 아미노산의 약 0.1퍼센트)의 아미노산이 달라져 겸상적혈구가 되는 것이다.

즉 겸상 적혈구 빈혈증은 단백질 구조상의 이런 작은 차이 때문에 생기는 것이다. 글루타민산의 곁기는 COOH를 갖고 있지만 발린의 곁기는 COOH를 갖고 있지 않다. β-사슬의 여섯 번째 아미노산(발린)은 곁기에 COOH가 없기 때문에 산소가 유리(遊離)된(세포에게 산소를 건네준) 헤모글로빈은 용해성이 떨어져 적혈구 내에 침전한다. 헤모글로빈의 침전으로 인해 적혈구의 모양은 겸상, 즉 초승달이나 낫 모양으로 변하고 적혈구의 유연성은 나빠진다. 한번 나빠진 헤모글로빈의 용해성은 산소와 결합해도 다시 좋아지지 않는다. 따라서 산소와 유리된 헤모글로빈이 많아질수록 겸상 적혈구도 증가하게 된다.

일단 겸상 적혈구가 모세 혈관을 막기 시작하면 모세 혈관 주변 조직들은 산소가 결핍되고 헤모글로빈에 붙어 있던 산소는 유리되고 더 많은 적혈구들이 겸상화된다(갑자기 위급 상황으로 치닫게 되는 악순환이 벌어지는 것이다.). 이것이 바로 겸상 적혈구 보인자가 겸상 적혈구 빈혈증에 걸리기 쉬운 이유이다. 겸상 적혈구 보인자의 겸상 적혈구는 정상치이지만(적혈구의 1퍼센트) 적혈구의 50퍼센트는 겸상화할 가능성을 지니고 있기 때문이다. 적혈구의 겸상화는 기압이 낮은 비행기에서 산소압이 낮아지거나 고도가 높은 곳에서 운동을 했을 때 일어날 수 있다. 두 경우 모두 산소가 유리된 헤모글로빈이 체내에 증가하는 경우이다.

인체에서 정상 헤모글로빈과 분자 구조가 다른 헤모글로빈은 지금까지 150종 이상 발견되었다. 치명적이거나 문제를 야기하는 헤모글로빈도 있지만 대부분은 양호한 편이다. 겸상 적혈구 외의 변종 헤모글로빈 보인자들도 말라리아에 부분적으로 저항력이 있는 것으로 여겨진다. 이 변종 헤모글로빈도 다양한 빈혈증을 야기하는데 예를 들면, 동남아시아 주민 사이에서 유전되는 알파 탈라세미아(alpha thalassemia), 지중해 연안(그리스, 이탈리아) 주민 사이에서 유전되는 베타 탈라세미아(beta thalassemia) 등이 있다. 베타 탈라세미아는 중동, 인도, 파키스탄, 아프리카 일부 지역에서도 발견된다. 통계에 따르면 인구 1000명당 5명이 변종 헤모글로빈을 보유하고 있는 것으로 추정되고 있다(대부분은 평생 그 사실을 모른 채 살아간다.).

우리 몸을 쇠약하게 만드는 겸상 적혈구 빈혈증을 일으키는 것은 글루타민산과 발린의 곁기 구조의 차이 때문만은 아니다. β–사슬상에서 몇 번째 아미노산의 곁기가 달라지느냐 하는 것도 겸상 적혈구 빈혈증을 야기하는 한 원인이다. 여섯 번째가 아닌 다른 아미노산 자리에서 똑같은 곁기의 차이가 발생했을 때 헤모글로빈의 용해도와 적혈구의 모양에 똑같은 영향을 미칠지 여부는 알 수 없다. 게다가 우리는 여섯 번째 아미노산의 곁기가 달라졌다고 해서 왜 말라리아에 대한 저항력이 생기는지 정확히 모른다. 분명한 것은 변종 헤모글로빈(발린을 여섯 번째 아미노산으로 갖고 있다.)을 갖고 있는 적혈구의 무엇인가가 말라리아 원충의 생활사를 저지한다는 사실이다.

말라리아와의 투쟁은 아직도 진행 중이다. 이 투쟁의 중심에 섰던 세 분자(퀴닌, DDT, 헤모글로빈)는 화학적으로는 전혀 달랐지만 각각은 과거 역사적 사건들에 중요한 영향을 끼쳤다. 킨코나 속 나무껍질의 알칼로이드가 오랫동안 인류에게 혜택을 가져다줄 동안 이 나무의 원산지인 안데스 산맥 동부 지역 주민들은 경제적 이득을 거의 누리지 못했다. 개발도상국의 천연 특산 자원에 들어 있는 퀴닌으로 이득을 챙긴 것은 외지인들이었다. 항말라리아 효능을 지닌 퀴닌이 없었다면 유럽 인들은 전 세계에 식민지를 건설할 수 없었다. 다른 천연 물질들을 연구할 때도 그랬던 것처럼, 화학자들은 천연 퀴닌을 분자 모형으로 삼아 합성 퀴닌을 만들었고, 퀴닌의 화학 구조를 바꿈으로써 항말라리아 효능을 개선시켰다.

19세기, 퀴닌 덕분에 대영제국과 기타 유럽 국가들이 식민지를 확장할 수 있었고 20세기, 살충제로 사용된 DDT 덕분에 유럽과 북아메리카의 말라리아가 최종적으로 박멸될 수 있었다. DDT는 자연계에서 유사 물질을 찾아볼 수 없는 유기 합성 분자이다. DDT 같은 분자들이 만들어질 때에는 항상 위험이 도사리고 있다. 즉 어떤 분자가 우리에게 도움이 되고 어떤 분자가 해로운지 확실히 알 방법이 없다. 하지만 그렇다고 해서 그 동안 새롭게 알아낸 분자, 즉 우리의 삶을 개선한 화학자들의 창의력의 산물(항생제와 소독제, 플라스틱과 중합체, 섬유와 향신료, 마취제와 첨가제, 염료와 냉각제 등)을 모두 포기할 준비가 되어 있는 사람은 과연 얼마나 될까?

겸상 적혈구 빈혈증을 만들어 낸 아미노산 분자의 작은 변화는 무려 3개 대륙에 영향을 미쳤다. 아프리카 인들이 겸상 적혈구를 보유하지 못했다면 말라리아에 저항하지 못했을 것이고, 17세기 아프리카 노예 무역은 급성장할 수 없었을 것이다. 신대륙으로 유입된 노예들의 거의 대부분은 아프리카(말라리아가 성행하고 겸상 적혈구 보인자가 흔한 지역이다.) 출신이었다. 노예 무역업자들과 노예 소유주들은 환경에 맞게 진화한 아프리카 인들의 특성(헤모글로빈의 여섯 번째 아미노산이 발린으로 바뀌면서 획득된 형질)을 재빨리 이용했다. 물론 그들은 아프리카 인들이 말라리아에 저항할 수 있는 화학적 원리를 몰랐다. 그들이 알고 있었던 것은 아프리카에서 데려온 노예들이 열대 기후의 설탕 농장과 면화 농장에서 일하면서도 말라리아에 잘 견딘다는 사실이었다(반대로 신대륙 각지에서 데려온 아메리카 원주민들은 금방 말라리아에 걸려 죽었다.). 분자의 이 작은 변화가 아프리카 인들을 수세대 동안 노예로서 살아가게 만들었던 것이다.

신대륙에 온 노예들이나 그 후손이 말라리아에 쉽게 죽었다면 노예 무역은 번창하지 못했을 것이다. 신대륙의 대규모 설탕 농장에서 이윤이 창출되지 못했으면 유럽의 경제 성장은 불가능했을 것이다. 아니, 대규모 설탕 농장 자체가 생기지 못했을지도 모른다. 면화는 미국 남부의 주요 농작물이 되지 못했을 것이다. 영국의 산업 혁명은 연기되었거나 전혀 다른 방향으로 흘러갔을지도 모르고 미국의 남북 전쟁은 일어나지 않았을지도 모른다. 헤모글로빈 화학 구조의 이 작은 변화가 없었다면 지난 500년간의 사건들은 전혀 달라졌을 것이다.

퀴닌, DDT, 헤모글로빈. 이 세 분자는 전혀 다른 분자 구조를 갖고 있지만 인류의 목숨을 가장 많이 앗아간 말라리아와의 역사적인 인연으로 일심동체가 되었다. 이 세 분자들은 앞 장에서 언급한 분자들의 전형을 그대로 보여 주고 있다. 문명의 발전에 지대한 영향을 끼친 수많은 화합물들처럼 퀴닌도 식물에서 얻어지는 천연 물질이다. 동물에서 나오기는 했지만 헤모글로빈 역시 천연 물질이다. 헤모글로빈은 중합체로 분류되며 모든 유형의 중합체는 역사 곳곳에서 중요한 변화들을 가져오는 DDT는 인간이 만든 화합물이 흔히 봉착하게 되는 딜레마를 보여 주고 있다. 화학자들의 창의력이 만들어 낸 합성 물질들이 없었다면 지금의 세상은 또 얼마나 달라졌을 것인가(좋은 쪽으로든 나쁜 쪽으로든 말이다.).

세상을 바꾼 화학 물질

역사적 사건에는 거의 언제나 하나 이상의 원인이 있다. 따라서 이 책에서 언급된 역사적인 사건들의 원인을 단순히 화학 구조로만 돌리는 것은 지나치게 단순화한 감이 없지 않다. 그렇다 하더라도 "화학 구조가 문명의 발전에 매우 중요한 역할을 했고 흔히 간과되었다."라는 말은 과장이 아니다. 화학자들이 천연 물질의 화학 구조를 결정하거나 새로운 물질을 합성할 때 작은 화학 변화(이중 결합을 여기로 옮긴다든지 산소 원자를 저기로 치환한다든지 곁기를 바꿔 본다든지 하는 것들)가 미치는 영향은 대개 그리 중요해 보이지 않지만, 시간이 지나고 나서야 우리는 매우 작은 화학 변화가 가졌던 중대한 영향을 인식하게 된다.

독자들은 처음에, 이 책에 소개된 화학 구조식이 낯설고 당황스러웠을지도 모르겠다. 여기까지 책을 읽은 독자들은 아마 화학 구조식에 대한 미스터리들이 어느 정도 풀렸을 것이고, 화학 물질(분자)을 구성하는 원자들이 잘 정의된 규칙을 어떻게 준수하는지 알게 되었을 것이다. 하지만 이런 규칙 안에서도 새로운 구조들이 나올 가능성은 무한대로 있다.

우리가 이 책에서 이야기한 화합물들(흥미와 중요성을 기준으로 선택했다.)은 두 가지 범주로 나눠 볼 수 있다. 첫 번째 범주는 천연 자원에서 나온 분자들(인류가 얻으려고 한 귀한 분자들)이다. 이 분자를 손에 넣으려는 인간의 욕망 때문에 고대 역사의 많은 사건들이 일어났다. 두 번째 범주는 지난 1.5세기 동안 더욱 중요성이 높아진 분자들이다. 이 분자들은 실험실과 공장에서 만들어진 화합물로, 이들 중에는 인디고처럼 자연계의 인디고와 완벽하게 똑같은 물질도 있고, 아스피린처럼 천연 산물의 화학 구조를 변형한 것도 있으며, CFC류처럼 자연계에 존재하지 않는 전혀 새로운 분자들도 있다.

이 두 가지 범주 외에 우리는 또 하나의 범주를 추가할 수 있다. 미래의 우리 문명에 엄청난, 그러나 도저히 예측 불가능한 영향을 미칠 분자들이다. 이 분자들은 자연계에서 만들어지는 물질이기는 하지만 그 과정에 사람이 관여하고 개입해서 만들어진 분자들이다. 유전공학 또는 생명공학은 이전에 존재한 적이 없는 분자들을 만들어 내고 있다(유전공학이라 부르든 생명공학이라 부르든 새로운 유전 물질을 유기체에 주입하는 인공적인 과정을 일컫는 말이라면 뭐라 부르든 상관없다.). 예를 들어 '황금 쌀(golden rice)'은 β-카로틴(주황색을 내는 물질로 당근이나 노란색 과일, 야채에 풍부하게 들어 있고 잎이 많은 암녹색 야채에도 들어 있다.)이 생기도록 유전공학적으로 만들어진 쌀의 한 품종이다.

β-카로틴

우리 몸은 필수 영양소인 비타민 A를 만들기 위해 β-카로틴을 섭취해야 한다. 하지만 전 세계 수많은 사람들의 식단은(특히 쌀이 주식인 아시아 사람들의 식단은) β-카로틴이 부족하다. 비타민 A 결핍으로 야기되는 병은 실명과 심지어 사망까지 초래할 수 있다. 쌀은 사실상 β-카로틴이 없기 때문에, 쌀을 주식으로 하는 지역에서(다른 식품원에서 β-카로틴을 섭취하지 못하는 지역에서) 황금쌀의 β-카로틴은 더 건강한 삶을 기약하는 것이다.

하지만 이런 유전공학에도 부정적인 면이 있다. β-카로틴 자체는 수많은 식물에서 발견되지만 생명공학에 비판적인 입장을 취하는 사람들은 원래 β-카로틴이 없었던 자리에 β-카로틴을 주입해도 안전한 것인지 의문을 제기한다. β-카로틴 같은 물질들이 기존의 물질들과 반응해서 안 좋은 물질이 생긴다면? 이 물질이 알레르겐(allergen, 알레르기를 일으키는 물질)이 될 가능성은 없을까? 자연을 건드렸을 때 장기적으로 어떤 영향을 미치게 될까? 유전공학에 관해서 화학적·생물학적 문제만 제기된 것이 아니라 다른 문제들(수많은 연구의 배경이 되는 이윤 동기, 농작물의 다양성을 잃을 가능성, 농업의 세계화 문제)도 제기되었다. 이런 이유와 불확실성 때문에 유전공학, 즉 자연으로 하여금 우리가 원하는 곳에 우리가 원하는 방식으로 분자를 만들도록 하는 것이 우리에게 이익이 되는 것이 분명하게 보일지라도 조심스럽게 행동할 필요가 있다. PCB류와 DDT에서 볼 수 있듯이 화학 물질은 축복이 될 수도 있고 저주가 될 수도 있다. 더구나 새로운 물질이 만들어질 때마다 언제나 우리는 뭐가 뭔지 모른다. 복잡한 화학 물질을 조작하고 생명을 제어하는 인간의 손길은, 결과적으로 더 나은 농작물을 개발하고 살충제의 사용량을 줄이고 질병을 박멸하는 데 큰 역할을 할 수도 있다. 혹은 최악의 경우 전혀 예상하지 못했던 문제가 야기되어 생명 그 자체가 위협받을 수도 있다.

미래의 후손들이 우리 문명을 뒤돌아볼 때 그들이 21세기에 가장 큰 영향을 미친 분자로 꼽는 물질은 무엇일까? 예기치 않게 수많은 다른 식물 종을 멸종시켜 버릴지도 모를 천연 제초제(유전공학으로 농작물에 주입된)일까? 우리의 신체 건강과 정신 건강을 개선할 의약품일까? 테러리즘과 조직 범죄에 사용될 신종 마약일까? 우리의 환경을 더 오염시킬 독극물일까? 새롭고 더 효율적인 에너지원을 제공해 줄 물질일까? 모든 항생제에 내성이 생긴 '슈퍼버그(superbug)'를 탄생시킬지도 모를 항생제의 남용일까?

콜럼버스는 자신이 찾아나섰던 피페린 분자가 야기할 결과를 예측하지 못했을 것이다. 마젤란은 자신이 찾아나섰던 아이소유게놀이 장기적으로 어떤 영향을 미칠지 몰랐다. 만약 쇤바인이 부인의 앞치마에서 만들어진 나이트로셀룰로오스가 폭약 산업과 섬유 산업 같은 거대 산업의 시초가 되었다는 사실을 알았다면 틀림없이 놀랐을 것이다. 퍼킨은 자신의 작은 실험이 결국 거대 합성 염료 산업과 항생제와 의약품으로 발전하게 되리라고는 상상도 할 수 없었을 것이다. 마커, 노벨, 샤르도네, 캐러더스, 리스터, 베이클랜드, 굿이어, 호프만, 르블랑, 솔베이 형제, 해리슨, 미드글리를 비롯해 우리가 지금까지 이야기한 수많은 사람들은 자신의 발견들이 미칠 역사적인 중요성을 전혀 몰랐다. 예상하지 못했던 엄청난 영향을 끼칠 뜻밖의 분자(우리의 후손들이 "이 분자가 세상을 바꿨어."라고 이야기하게 되는 분자)를 콕 찍어서 이야기하기가 망설여진다면, 아마도 우리는 서로를 이해하게 되었다고 할 수 있을 것이다.

감사의 글

가족, 친구, 동료들의 열정적인 지지가 없었다면 이 책은 나오지 못했을 겁니다. 보내 주신 모든 제안과 비판에 감사드립니다.

이 책의 구조식과 화학식을 점검하는 데 기꺼이 시간을 내주신 뉴질랜드 오클랜드 대학교의 콘 캠비 교수님께 진심으로 감사드립니다. 교수님의 날카로운 안목과 후원이 이 책을 만드는 데 큰 힘이 되었습니다. 그러나 이 책에 잘못된 부분이 있다면 모두 저희 책임입니다.

제인 디스텔 출판 매니지먼트 사의 제인 디스텔 씨에게도 감사드리고 싶습니다. 디스텔 씨는 우리가 화학 구조와 역사 사건의 관계에 흥미를 느꼈을 때 이 이야기를 책으로 만들 수 있겠다는 가능성을 발견했습니다.

우리를 담당했던 타처/퍼트넘 출판사의 편집자, 웬디 허버트 씨는 편집 과정에서 화학에 대해 많은 것을 배웠다고 했습니다. 하지만 오히려 우리가 그녀에게서 더 많이 배웠다고 생각합니다. 이 책이 만들어질 수 있었던 것은 그녀의 조언 덕분이었습니다. 느슨한 결말을 허락하지 않았던 웬디 덕분에 우리는 이야기들을 유기적으로 긴밀하게 엮을 수 있었습니다.

끝으로, 우리보다 먼저 이 길을 걸어간 수많은 화학자들의 호기심과 창의력에 감사드립니다. 그분들의 노력이 없었다면 화학을 이해하고 매력을 느끼는 즐거움을 경험하지 못했을 겁니다.

옮긴이의 글: 2권을 마치고

역사에는 틀림없이 매우 중요한 역할을 담당했던 화합물, 그것이 없었다면 문명의 발전은 지금과는 매우 다르게 진행되었을 화합물, 역사적 사건들의 경로를 바꿔 놓은 화합물이 있었을 것이다. 각각 강단과 산업 현장에서 활동 중인 화학자인 페니 르 쿠터와 제이 버레슨은 이 책을 통해 인문학적인 시각에서 놓칠 수 있는 역사의 일면들을 간과하거나 배제하지 않고 날카롭고 유쾌하게 적시함으로써 역사의 입체성을 살펴볼 수 있는 새롭고 소중한 기회를 제공하고 있다.

이 책에서 논의된 분자들(향신료, 비타민 C, 포도당, 면화, 폭약, 비단과 나일론, 페놀, 고무, 염료, 아스피린과 항생제, 피임약, 약초, 모르핀과 니코틴과 카페인, 올레산, 소금, 염화 탄소 화합물, 항말라리아제)이 연대기적 순서로 나열된 것은 아니므로 어느 장부터 읽기 시작해도 무방하다. 이 책은 분자의 연관성이나 분자 집합의 연관성, 화학적으로는 달라도 특성이 비슷하거나 유사 사건과 연결될 수 있는 분자의 연관성을 기준으로 서술되어 있다. 독자들의 편의를 위해서 간략한 소개를 하면 다음과 같다.

앞서 1권에서 다룬 부분은 향신료나 설탕을 얻으려는 노력이 대항해 시대를 열지만 비타민 C의 결핍으로 막을 내리고, 면화가 산업 혁명과 노예 무역을 가속화시키고, 면화의 셀룰로오스 성분이 폭약 산업과 섬유 산업을 발달시키고, 신대륙에서 전파된 고무가 산업의 필수품이 되고, 페놀과 합성 염료가 일상 생활에 파고드는 과정이다.

모브의 시대가 채 끝나기도 전에 들어선 거대 화학 기업들을 통해 항생제, 진통제, 기타 의약품 등이 대량 생산될 수 있었다. 이제 열 번째 이야기에서 등장하는 아스피린과 항생제는 병원 처방을 변화시키고, 수많은 생명을 구하게 되었다. 항생제와 소독제가 널리 사용되면서 무엇보다도 여성과 어린이의 사망률이 극적으로 떨어졌다. 과거에는 자녀들을, 병으로 사망할 경우를 감안해서 많이 낳았지만, 20세기 중반 이후 각 가정들은 이제 더 이상 자녀를 많이 낳을 필요가 없어졌다. 열한 번째 이야기에서 보여지듯, 전염병으로 아이를 잃을 지도 모른다는 공포가 사라짐에 따라 임신을 피함으로써 가족 수를 제한하려는 방법, 즉 피임법에 대한 수요가 증대했다. 1960년, 피임약, 즉 노르에신드론의 도입은 출산과 피임뿐만 아니라 개방과 기회의 인식을 알리는 신호탄이 되어, 수세기 동안 터부시 되었던 것들을 여성들이 터놓고 말할 수 있게 되고 행동으로 표출할 수 있게 되었다.

14세기 중반에서 18세기 후반에 걸쳐 마녀로 몰린 사람 대부분은 가난하고 나이 많은 여성들이었다. 수백 년간 유럽을 휩쓴 히스테리와 망상의 풍파에 하필이면 여성들이 주로 희생되었는가 하는 수많은 이유들이 제기되었다. 열두 번째 이야기를 통해 특정 분자 때문에 여성들이 주로 희생당하지 않았을까 추측해 본다. 열세 번째 이야기에서는 아편, 담배, 차·카카오·커피의 주요 성분인 모르핀과 니코틴과 카페인을 살핀다. 1800년대 중반의 아편 전쟁으로 귀결될 사건들을 촉발시켰던 것은 바로 이 세 가지 분자, 즉 모르핀, 니코틴, 카페인을 차지하려는 인간의 욕망이었다. 양귀비 밭과 담배 밭과 차나무와 커피나무로 뒤덮인 초록의 고원 지대가 들어서면서 수많은 지역의 토착 식생이 파괴되고 지역 생태계가 엄청난 변화를 겪었다. 이들 작물에 함유된 알칼로이드 분자들은 무역을 활성화시키고, 부를 생성하고, 전쟁을 일으키고, 정부의 재원이 되고, 쿠데타에 자금을 공급했으며, 수백만을 노예로 만들었다. 이 모든 것들이 순간적인 화학적 쾌락을 갈망하는 우리들의 끊임없는 탐욕 때문이었다.

지금까지 다룬 화합물들은 모두 교역을 위한 1조건, 즉 "사람들이 몹시 원하지만 전 세계에 골고루 분포되어 있지 않은 물질"이라는 정의를 만족했다. 그리스 신화까지 이르는 오랜 역사를 지닌 올리브 역시 마찬가지다. 열네 번째 이야기에서 다루는 올레산이라는 트라이글리세리드가 없었다면 오늘날 민주 사회의 기틀을 형성한 것으로 여겨지는 그리스의 영광은 불가능했을 것이다. 마찬가지로 인류 문명의 역사와 궤를 같이 하는 소금은 열다섯 번째 이야기에서 집중적으로 다루어진다. 소금은 아주 귀하고 꼭 필요하고 매우 중요해서 세계 무역뿐만 아니라 경제 제제, 독점, 전쟁, 도시의 성장, 사회 정치 제도, 산업 발달, 인구의 이동 등에서 매우 중요한 역할을 담당했다. 소금은 우리 삶에 꼭 필요하지만, 소금을 많이 섭취해도 죽을 수 있으니 소금 섭취량을 주의하라는 얘기를 듣는다. 소금은 싸지만, 유사 이전은 물론 대부분의 역사기간 동안 소금은 매우 귀하고 비싼 상품이었다. 화학자들의 노력으로 가격이 떨어진 분자들이 많지만, 소금만큼 그 생산량이 급격하게 늘어남과 동시에 가격이 급격하게 하락한 물질은 없을 것이다.

열여섯 번째 이야기에 나오는 염화 탄소 화합물은 인류 사회에 가장 많은 피해를 끼쳤거나 끼칠 가능성이 있는 물질인 동시에 인류 사회 발전에 가장 많은 혜택을 준 물질이라는 사실에 그 모순이 있다. 염화 탄소 화합물로는 마취제, 냉각제, 절연재, 살충제 등이 있다.

마지막 열일곱 번째 이야기에서 언급한 말라리아와의 투쟁은 아직도 진행 중이다. 이 투쟁의 중심에 섰던 세 분자, 즉 퀴닌, DDT, 헤모글로빈은 화학적으로는 전혀 다른 분자 구조를 갖고 있지만, 인류의 목숨을 가장 많이 앗아간 말라리아와의 역사적인 인연으로 일심동체가 되었다. 19세기, 항말라리아 효능을 지닌 퀴닌 덕분에 대영제국과 기타 유럽 국가들이 식민지를 확장할 수 있었고 20세기, 살충제로 사용된 DDT 덕분에 유럽과 북아메리카의 말라리아가 최종적으로 박멸될 수 있었으며, 헤모글로빈 분자의 작은 변화는 아프리카 인들을 말라리아에 저항할 수 있도록 진화시켰고 결과적으로 수세대 동안 노예로서 살아가게 만들었다.

'화학의 역사'라고 하면 참으로 재미없는 책이 되었을 텐데 현명하게도 페니 르 쿠터와 제이 버레슨은 '역사 속의 화학'이라는 호기심의 영역을 철저한 고증을 통해 담론의 장으로 끌어냄으로써 독자에게 '인류 문명에 대한 통찰'이라는 소중한 결실을 보여 주고 있다.

아무쪼록 독자 제위께서 이 책을 통해 기분 좋은 지적 유희를 누리길 바라며, 이 책이 나올 수 있도록 힘써 주신 번역가 김희봉 선생님과 (주)사이언스북스 편집부에 진심으로 감사드린다.

정해년 초입에서

곽주영

Allen, Charlotte. "The Scholars and the Goddess." *Atlantic Monthly.* January 2001.

Arlin, Marian. *The Science of Nutrition.* New York: Macmillan, 1977.

Asbell, Bernard. *The Pill: A Biography of the Drug That Changed the World.* New York: Random House, 1995.

Aspin, Chris. *The Cotton Industry.* Series 63. Aylesbury: Shire Publications, 1995.

Atkins, P. W. *Molecules.* Scientific American Library series, no. 21. New York: Scientific American Library, 1987.

Balick, Michael J., and Paul Alan Cox. *Plants, People, and Culture: The Science of Ethnobotany.* Scientific American Library series, no. 60. New York: Scientific American Library, 1997.

Ball, Philip. "Whar a Tonic." *Chemistry in Britain* (October 2001): 26-29.

Bangs, Richard, and Christin Kallen. *Islands of Fire, Islands of Spice: Exploring the Wild Places of Indonesia.* San Francisco: Sierra Club Books, 1988.

Brown, G. I. *The Big Bang: A History of Explosives.* Gloucestershire: Sutton Publications, 1998.

Brown, Kathryn. "Scary Spice." *New Scientist* (December 23-30, 2000): 53.

Brown, William H., and Christopher S. Foote. *Organic Chemistry.* Orlando, Fla.: Harcourt Brace, 1998.

Bruce, Ginny. *Indonesia: A Travel Survival Kit.* Australia: Lonely Planet Publication, 1986.

Bruice, Paula Yurkanis. *Organic Chemistry.* Englewood Cliffs, N.J.: Prentice-Hall, 1998.

Cagin, S., and P. Day. *Between Earth and Sky: How CFCs Changed Our World and Endangered the Ozone Layer.* New York: Pantheon Books, 1993.

Champbell, Neil A. *Biology.* Menlo Park, Calif.: Benjamin/Cummings, 1987.

Carey, Francis A. *Organic Chemistry.* New York: McGraw-Hill, 2000.

Caton, Donald. *What a Blessing She Had Chloroform: The Medical and Social Responses to the Pain of Childbirth from 1800 to the Present.* New Haven: Yale University Press, 1999.

Chang, Raymond. *Chemistry.* New York: McGraw-Hill, 1998.

Chester, Ellen. *Woman of Valor: Margaret Sanger and the Birth Control Movement in America.* New York: Simon and Schuster, 1992.

Clow, A., and N. L. Clow. *The Chemical Revolution: A Contribution to Social Technology.* London: Batchworth Press, 1952.

Collier, Richard. *The River That God Forgot: The Story of the Amazon Rubber Boom.* New York: E. P. Dutton, 1968.

Coon, Nelson. *The Dictionary of Useful Plants.* Emmaus, Pa.: Rodale Press, 1974.

Cooper, R. C., and R. C. Cambie. *New Zealand's Economic Native Plants.* Auckland: Oxford University Press, 1991.

Davidson, Basil. *Black Mother: The Years of the African Slave Trade.* Boston: Little, Brown, 1961.

Davis, Lee N. *The Corporate Alchemists: The Power and Problems of the Chemical Industry.* London: Temple-Smith, 1984.

Davis, M. B., J. Austin, and D. A. Partridge. *Vitamin C: Its Chemistry and Biochemistry.* London: Royal Society of Chemistry, 1991.

DeBono, Edward, ed. *Eureka: An Illustrated History of Inventions from the Wheel to the Computer.* New

York: Holt, Rinehart, and Winston, 1974.

Delderfield, R. F. *The Retreat from Moscow*. London: Hodder and Stoughton, 1967.

Djerassi, C. *The Pill, Pygmy Chimps and Degas' Horse: The Autobiography of Carl Djerassi*. New York: Harper and Row, 1972.

DuPuy, R. E., and T. N. DuPuy. *The Encyclopedia of Military History from 3500 B. C. to the Present*. Rev. ed. New York: Harper and Row, 1977.

Ege, Seyhan. *Organic Chemistry: Structure and Reactivity*. Lexington, Mass.: D. C. Heath, 1994.

Ellis, Perry. "Overview of Sweeteners." *Journal of Chemical Education* 72, no. 8 (August 1995): 671-75.

Emsley, John. *Molecules at an Exhibition: Portraits of Instriguing Materials in Everyday Life*. New York: Oxford University Press, 1998.

Fairholt, F. W. *Tobacco: Its History and Associations*. Detroit: Singing Tree Press, 1968.

Feltwell, John. *The Story of Silk*. New York: St. Martin's Press, 1990.

Fenichell, S. *Plastic: The Making of a Synthetic Century*. New York: HarperCollins, 1996.

Fessenden, Ralph J., and Joan S. Fessenden. *Organic Chemistry*. Monterey. Calif.: Brooks/Cole, 1986.

Fieser, Louis F., and Mary Fieser. *Advanced Organic Chemistry*. New York: Reinhold, 1961.

Finniston, M., ed. *Oxford Illustrated Encyclopedia of Invention and Technology*. Oxford: Oxford University Press, 1992.

Fisher, Carolyn. "Spices of Life." *Chemistry in Britain* (January 2002).

Fox, Marye Anne, and James K. Whitesell. *Organic Chemistry*. Sudbury: Jones and Bartlett, 1997.

Frankforter, A. Daniel. *The Medieval Millennium: An Introduction*. Englewood Cliffs, N.J.: Prentice-Hall, 1998.

Garfield, Simon. *Mauve: How One Man Invented a Colour That Changed the World*. London: Faber and Faber, 2000.

Gilbert, Richard. *Caffeine, the Most Popular Stimulant: Encyclopedia of Psychoactive Drugs*. London: Burke, 1988.

Goodman, Sandra. *Vitamin C: The Master Nutrient*. New Canaan, Conn.: Keats, 1991.

Gottfried, Robert S. *The Black Death: Natural and Human Disaster in Medieval Europe*. New York: Macmillan, 1983.

Harris, Nathaniel. *History of Ancient Greece*. London: Hamlyn, 2000.

Heiser, Charles B., Jr. *The Fascinating World of the Nightshades: Tobacco, Mandrake, Potato, Tomato, Pepper, Eggplant, etc.* New York: Dover, 1987.

Herold, J. Christopher. *The Horizon Book of the Age of Napoleon*. New York: Bonanza Books, 1983.

Hildebrand, J. H., and R. E. Powell. *Reference Book of Inorganic Chemistry*. New York: Macmillan, 1957.

Hill, France. *A Delustion of Satan: The Full Story of the Salem Witch Trials*. London: Hamish Hamilton, 1995.

Hough, Richard. *Captain James Cook: A Biography*. New York: W. W. Norton, 1994.

Huntford, Roland. *Scott and Amundsen (The Last Place on Earth)*. London: Hodder and Stoughton, 1979.

Inglis, Brian. *The Opium Wars*. New York: Hodder and Stoughton, 1976.

Jones, Maitland, Jr. *Organic Chemisty*. New York: W. W. Norton, 1997.

Kauffman, George B. "Historically Significant Coordination Compounds. 1. Alizarin dye." *Chem 13 News* (May 1988).

Kauffman, George B., and Raymond B. Seymour. "Elastomers. 1. Natural Rubber." *Journal of Chemical Education* 67, no. 5 (May 1990): 422-25.

Kaufman, Peter B. *Natural Products from Plants*. Boca Raton, Fla.: CRC Press, 1999.

Kolander, Cheryl. *A Silk Worker's Notebook*. Colo: Interweave Press, 1985.

Kotz, John C., and Paul Treichel, Jr. *Chemistry and Chemical Reactivity*. Orlando, Fla.: Harcourt Brace

College, 1999.

Kurlansky, Mark. *Salt: A World History.* Toronto: Alfred A. Knopf Canada, 2002.

Lanman, Jonathan T. *Glimpses of History from Old Maps: A Collector's View.* Tring, Eng.: Map Collector, 1989.

Latimer, Dean, and Jeff Goldberg. *Flowers in the Blood: The Story of Opium.* New York: Franklin Watts, 1981.

Lehninger, Albert L. *Biochemistry: The Molecular Basis of Cell Structure and Function.* New York: Worth, 1975.

Lewis, Richard J. *Hazardous Chemicals Desk Reference.* New York: Van Nostrand Reinhold, 1993.

London, G. Marc. *Organic Chemistry.* Menlo Park, Calif.: Benjamin/Cummings, 1988.

MacDonald, Gayle. "Mauve with the Times." *Toronto Globe and Mail,* April 28, 2001.

Magner, Lois N. *A History of Life Sciences.* New York; Marcel Dekker, 1979.

Manchester, William. *A World Lit Only by Fire: The Medieval Mind and the Renaissance: Portrait of an Age.* Boston: Little, Brown, 1992.

Mann, John. *Murder, Magic and Medicine.* Oxford: Oxford University Press, 1992.

McGee, Harold. *On Food and Cooking: The Science and Lore of the Kitchen.* New York: Charles Scribner's Sons, 1984.

McKenna, Terence. *Food of the Gods.* New York: Bantam Books, 1992.

McLaren, Angus. *A History of Conception from Antiquity to the Present Day.* Oxford: Basil Blackwell, 1990.

McMurry, John. *Organic Chemistry.* Monterey, Calif.: Brooks/Cole, 1984.

Meth-Cohn, Otto, and Anthony S. Travis. "The Mauveine Mystery." *Chemistry in Britain* (July 1995): 547-49.

Miekle, Jeffrey L. *American Plastic: A Cultural History.* New Brunswick, N.J.: Rutgers University Press, 1995.

Milton, Giles. *Nathaniel's Natmeg.* New York; Farrar, Straus and Giroux, 1999.

Mintz, Sidney W. *Sweetness and Power: The Place of Sugar in Modern History.* New York: Viking Penguin, 1985.

Multhauf, R. P. *Neptune's Gift: A History of Common Salt.* Baltimore, Md.: Johns Hopkins University Press, 1978.

Nikiforuk, Andrew. *The Fourth Horseman: A Short History of Epidemics, Plagues, Famine and Other Scourges.* Toronto: Penguin Books Canada, 1992.

Noller, Carl R. *Chemistry of Organic Compounds.* Philadelphia: W. B. Saunders, 1966.

Orton, James M., and Otto W. Neuhaus. *Human Biochemistry.* St. Louis: C. V. Mosby, 1975.

Pakenham, Thomas. *The Scramble for Africa: 1876-1912.* London: Weidenfeld and Nicolson, 1991.

Pauling, Linus. *Vitamin C, the Common Cold and the Flu.* San Francisco: W. H. Freeman, 1976.

Pendergrast, Mark. *Uncommon Grounds: The History of Coffee and How It Transformed the World.* New York: Basic Books, 1999.

Peterson, William. *Population.* New York: Macmillan, 1975.

Radel, Stanley R., and Marjorie H. Navidi. *Chemistry.* St. Paul, Minn.: West, 1990.

Rayner-Canham, G., P. Fisher, P. Le Couteur, and R. Raap. *Chemistry: A Second Course.* Reading, Mass.: Addison-Wesley, 1989.

Robbins, Russell Hope. *The Encyclopedia of Witchcraft and Demonology.* New York: Crown, 1959.

Roberts, J. M. *The Pelican History of the World.* Middlesex: Penguin Books, 1980.

Rodd, E. H. *Chemistry of Carbon Compounds.* 5 vols. Amsterdam: Elsevier, 1960.

Rosenblum, Mort. *Olives: The Life and Lore of a Noble Fruit.* New York: North Point Press, 1996.

Rudgley, Richard. *Essential Substances: A Cultural History of Intoxicants in Society.* New York: Kodansha International, 1994.

Russell, C. A., ed. *Chemistry, Society and the Environment: A New History of the British Chemical Industry.* Cambridge: Royal Society of Chemistry.

Savage, Candace. *Witch: The Wild Ride from Wicked to Wicca.* Vancouver, B.C.: Douglas and McIntyre, 2000.

Schivelbusch, Wolfgang. *Tastes of Paradise: A Social History of Spices, Stimulants, and Intoxicants.* Translated by David Jacobson. New York: Random House, 1980.

Schmidt, Julius. Rev. and ed. by Neil Campbell. *Organic Chemistry.* London: Oliver and Boyd, 1955.

Seymour, R. B., ed. *History of Polymer Science and Technology.* New York: Marcel Dekker, 1982.

Snyder, Carl H. *The Extraordinary Chemistry of Ordinary Things.* New York: John Wiley and Sons, 1992.

Sohlman, Ragnar, and Henrik Schuck. *Nobel, Dynamite and Peace.* New York: Cosmopolitan, 1929.

Solomons, Graham, and Craig Fryhle. *Organic Chemistry.* New York: John Wiley and Sons, 2000.

Stamp, L. Dudley. The Geography of Life and Death. Ithaca, N.Y.: Carnell University Press, 1964.

Stine, W. R. *Chemistry for the Consumer.* Boston: Allyn and Bacon, 1979.

Strecher, Paul G. *The Merck Index: An Encyclopedia of Chemicals and Drugs.* Rahway, N.J.: Merck, 1968.

Streitwieser, Andrew, Jr., and Clayton H. Heathcock. *Introduction to Organic Chemistry.* New York: Macmillan, 1981.

Styer, Lubert. *Biochemistry.* San Francisco: W. H. Freeman, 1988.

Summers, Montague. *The History of Witchcraft and Demonology.* Castle Books, 1992.

Tannahill, Reay. *Food in History.* New York: Stein and Day, 1973.

Thomlinson, Ralph. *Population Dynamics: Causes and Consequences of World Demographic Changes.* New York: Random House, 1976.

Time-Life Books, ed. *Witches and Witchcraft: Mysteries of the Unknown.* Virginia: Time-Life Books, 1990.

Travis, A. S. *The Rainbow Makers: The Origins of the Synthetic Dyestuffs Industry in Western Europe.* London and Toronto: Associated University Press, 1993.

Visser, Margaret. *Much Depends on Dinner: The Extraordinary History and Mythology, Allure and Obsessions. Perils and Taboos of an Ordinary Meal.* Toronto: McClelland and Stewart, 1986.

Vollhardt, Peter C., and Neil E. Schore. *Organic Chemistry: Stucture and Function.* New York: W. H. Freeman, 1999.

Watts, Geoff. "Twelve Scurvy Men." New Scientist (February 24, 2001): 46-47.

Watts, Sheldon. *Epidemics and History: Disease, Power and Impericlism.* Wiltshire: Redwood Books, 1997.

Webb, Michael. *Alfred Nobel: Inventor of Dynamite.* Mississauga, Canada: Copp Clark Pitman, 1991.

Weinburg, B. A., and B. K. Bealer. *The World of Caffeine: The Science and Culture of the World's Most Popular Drug.* New York: Routledge, 2001.

Wright, James W. *Ecocide and Population.* New York: St. Martin's Press, 1972.

Wright, Lawrence. *Clean and Decent: The Fascinating History of the Bathroom and the Water Closet.* Cornwall: T.J. Press (Padstow), 1984.

옮긴이 **곽주영**

영남대학교 물리학과를 졸업하고 (주)삼성SDS에서 근무했다.
번역서로『위대한 물리학자』(공역)가 있다.

표지와 본문 일러스트레이션 **강모림**

1991년 만화계에 입문, 『여왕님! 여왕님!』(1991), 『달래하고 나하고』(1994),
『10, 20 그리고 30』(1995), 『아빠 어릴 적엔』(1997), 『샴페인 골드』(1999) 등을 냈으며
YWCA 좋은 작가상(1995)과 문화관광부 저작상(1998)을 수상한 바 있다.
『강모림의 재즈 플래닛』(2006)을 비롯, 다양한 작품 활동을 펼치고 있다.

역사를 바꾼 17가지 화학 이야기 2

아스피린에서 카페인까지, 세계사 속에 숨겨진 화학의 비밀

1판 1쇄 펴냄 2007년 1월 27일
1판 30쇄 펴냄 2024년 4월 15일

지은이 페니 르 쿠터, 제이 버레슨
옮긴이 곽주영
펴낸이 박상준
펴낸곳 (주)사이언스북스

출판등록 1997. 3. 24.(제16-1444호)
(06027) 서울특별시 강남구 도산대로1길 62
대표전화 515-2000, 팩시밀리 515-2007
편집부 517-4263, 팩시밀리 514-2329
www.sciencebooks.co.kr

한국어판ⓒ(주)사이언스북스, 2007. Printed in Seoul, Korea.

ISBN 978-89-8371-193-9 03400 (2권)
ISBN 978-89-8371-191-5 (전2권)